AF872632

Ruth Morgenegg

Warum eine scheue Katze?

TBV

Ein grosses Dankeschön geht an meine freiwilligen Helferinnen und Helfer, die mich und meine Arbeit stets unterstützen und an alle Tierfreunde, die es mit einem grossen Herzen, aber vor allem mit viel Geduld, Verständnis und Durchhaltewillen geschafft haben, dass aus einem oder gar mehreren meiner scheuen Schützlinge wunderbare, treue Wegbegleiter wurden.

Vielen Dank an Anita Oehy, an Familie Hunziker und an Jan Trachsel, die bei der Entstehung dieses Buches geholfen haben.

ISBN 978-3-9522661-4-4
E-Mail: tb-verlag@bluewin.ch

1. Auflage 2019
Layout: Messerli Werben KS · CH-8910 Affoltern
Print: printwork art GmbH · CH-9016 St.Gallen

FSC www.fsc.org
MIX
Papier aus verantwortungsvollen Quellen
FSC® C041276
FSC WÄLDER FÜR IMMER FÜR ALLE

Vorwort

Gibt es etwas Schrecklicheres, als den Willen eines schwächeren Wesens brechen zu wollen? Genau dies wurde in dem Tierheim beabsichtigt, das ich vor vielen Jahren immer besuchte. Die scheuen Katzen wurden dort alleine in winzigen Käfigen gehalten, um ihnen erst einmal den Willen zu brechen, wie mir die Tierheimleitung erklärte. Für mich war das nichts anderes als eine grausame Haltung von Tieren, deren Grundbedürfnis das Handeln nach eigenständigem Willen ist. Das ist nur ein Beispiel von vielen weiteren Missständen, die ich kaum ertragen konnte.

Menschenscheue Tiere haben mich schon immer besonders fasziniert, doch lange Zeit hatte ich den Eindruck, dass für Katzen und Hunde genügend getan werde. So nahm ich mich als junge Frau erst einmal den Aussenseitern an – Kaninchen und Meerschweinchen.

TRYM 9 JAHRE IM TIERHEIM

Meine Beobachtungen bei meiner Tätigkeit im Tierspital und ganz besonders ein Schlüsselerlebnis in einer schlaflosen Frühlingsnacht in den Tessiner Bergen, haben mir die Augen endgültig geöffnet.

In dieser Nacht war mir, als hörte ich Hunderte von Katzen jammern. Am folgenden Tag erfuhr ich, dass die Gemeinde sämtliche herrenlose Tiere einfangen und beseitigen wollte. Diese Aktion haben mein Mann und ich dann selbst übernommen – nur, dass wir die Tiere nicht töteten, sondern alle kastrierten, an Menschen gewöhnten und später an geeignete Plätze vermittelten. So lernte ich schnell die Vielfalt und die individuellen Eigenheiten scheuer und verwilderter Katzen kennen. Einige brauchten wenige Tage, andere Jahre, bis sie Vertrauen fassen konnten. Diese unterschiedlichen Wesen zogen mich voll in ihren Bann. Ich hatte eine zusätzliche Lebensaufgabe gefunden. Fortan beherbergten wir Katzen und sozialisierten sie an den Menschen.

TRYM IM NEUEN ZUHAUSE

Foto: Mayer

Je intensiver ich mich über die Jahrzehnte mit diesen scheuen Katzen beschäftigte und auch dank der grossen Erfahrung, die ich am Beratungstelefon sammeln konnte, desto bewusster wurde mir, dass solche Tiere nur an ganz spezielle Menschen und besonders geeignete Plätze vermittelt werden können. Es zeigte sich auch, dass nicht zuletzt die Unterstützung nach der Platzierung wesentlich zum Gelingen beiträgt.

Bobo und Maus haben mich auf diesen Weg geführt.

Meine grossen Lehrmeister waren die wilde Maus und Bobo. Für sie konnten wir monatelang keinen geeigneten Interessenten finden – sie waren zu scheu und konnten sich in Gefangenschaft nicht öffnen. Wir stellten eigens für sie ein geheiztes Gartenhaus mit Katzentor auf. So hatten sie die Wahl zwischen totaler Freiheit oder der Rückkehr zu uns. Doch sie blieben. Nach drei Jahren kamen sie ins Haus, nach sechs Jahren schliefen sie in unserem Bett. Ein solches Erlebnis wünsche ich jedem Tierhalter. Zu scheuen Katzen entsteht eine ganz spezielle Bindung auf einer ganz anderen Ebene, man kann es kaum beschreiben.

Es gibt in der Schweiz viele gut geführte Tierheime, in denen scheue und sensible Katzen zum Teil schon über zehn Jahre auf ein Zuhause warten. Diese Katzen gehen in der Menge unter, und es gibt kaum Tierfreunde, die einer solchen Katze Beachtung schenken, wenn ihnen unzählige zutrauliche und verschmuste Tiere um die Beine streichen.

Um Tierfreunde, die sich ganz bewusst für diese fast vergessenen Kreaturen entscheiden, bei ihren Anfangsschwierigkeiten zu unterstützen, begann ich irgendwann meine Erfahrungen und Ratschläge zu Papier zu bringen. Heute existiert eine grosse Sammlung an Merkblättern, mit denen ich Ratsuchenden zusätzlich zur Seite stehen kann. Mit einem Buch hoffe ich, einen noch grösseren Interessentenkreis zu erreichen und so vielen weiteren scheuen Katzen zu einem neuen Zuhause zu verhelfen.

Dieser Blick bittet nur um eines: lass mir Zeit.

Warum eine scheue Katze?

Wenn Sie bereit sind, sich auf das Abenteuer „scheue Katze“ einzulassen, kann ich Ihnen versprechen, dass Sie die Chance bekommen werden, vieles zu lernen, – auch über Sie selbst. Scheue Tiere sind die besten Lehrmeister. Es ist erstaunlich, was sie uns alles beibringen und lehren können. Ein scheues Tier zu übernehmen, ist eine Lebensaufgabe und eine Lebensschule zugleich. Die Beziehung zu einer solchen Katze ist meist viel tiefer und findet auf einer anderen Ebene statt. Wenn wir ihr respektvoll, zurückhaltend und geduldig begegnen und der Kontakt nicht besitzergreifend und einengend stattfindet, wird sie uns eines Tages ihre Zuneigung schenken.

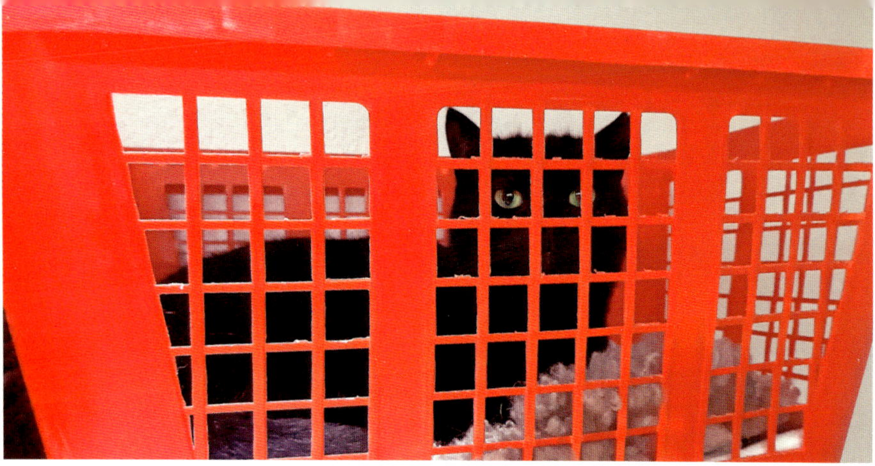

Im Waschkorb fühlt sich Nera geborgen und hat den Überblick.

Weitere Vorteile von scheuen Katzen:
Ideal zu einer oder mehreren bereits vorhandenen Katzen

- Sie sind meistens viel sozialer im Umgang mit Artgenossen, weil sie nicht schon als Jungtier einer Katzenfamilie entrissen wurden und sich dem Menschen anschliessen mussten.
- Sie sind selten eine Konkurrenz für ein alteingesessenes Tier. Sie sind bescheiden und halten sich im Hintergrund; eine Anpassung erfolgt mit respektvoller Zurückhaltung. So kann sich das bereits vorhandene Büsi meist problemlos und behutsam an das neue heranwagen und gewöhnen.

Ideal für Berufstätige

- Arbeitet man Vollzeit kann man einer Schmusekatze eigentlich nicht gerecht werden. Verantwortungsbewusste Menschen verzichten deshalb oft auf Tiere. Scheuen Katzen kann man trotz Berufstätigkeit ein Zuhause geben – ganz ohne schlechtes Gewissen. Nimmt man sich am Abend Zeit für den Vertrauensaufbau genügt das ihnen, denn sie sind am Abend meist offener.

Sind Sie auch ein Mensch, der nicht immer den einfachsten Weg nimmt und bei einer Herausforderung mit scheuen Katzen eine einmalige, bereichernde Erfahrung machen will?

Zwei Wildkatzen ziehen ein ...
Basil und Balu waren zwei äusserst scheue Katzen, denen wir ein neues Zuhause bieten wollten. Bereits beim Rauslassen aus den Transportkäfigen zeigte sich, dass sie wirklich sehr wild sein konnten! Und die ersten Tage nach dem Einzug gingen die beiden sprichwörtlich die Wände hoch, sobald wir den Raum betraten. Dass diese scheuen Katzen jemals Zutrauen, geschweige denn Vertrauen fassen könnten, war zu diesem Zeitpunkt kaum vorstellbar.

Tagtäglich besuchten wir sie mehrere Male in ihrem Raum, nicht nur um Futter anzubieten, sondern auch um einfach da zu sein und zu beobachten. Manchmal sassen wir eine

Stunde da und sahen doch nur kurz die Schwanzspitze unserer Mäusedetektive. Doch wir merkten auch, dass sich die Grundenergie mit der Zeit veränderte und die Fluchtbereitschaft weniger wurde, die Verstecke nicht mehr ganz so schnell aufgesucht wurden.

Manchmal sassen wir dort, haben ihnen von unserem Alltag erzählt, Geschichten vorgelesen oder still in einem Buch gelesen. Wir haben sie nie bedrängt, sondern uns einfach angeboten und geduldig gewartet.
Wie wunderschön waren die kleinen Anzeichen, dass sie unsere Gegenwart sukzessive akzeptierten und uns beobachteten, ohne sich zu verstecken. Zwar auf Distanz, aber mit einer wachsenden Neugierde.
Und der Moment, als Basil nach drei Monaten den ersten Schritt auf uns zu gemacht hat, hat unsere Herzen erwärmt und uns einfach nur glücklich gemacht.

Basil wurde innert kürzester Zeit zu einem richtigen Kampfschmuser, wohingegen Balu immer eine gewisse Distanz beibehielt. Aber auch er kam täglich zur Fütterung und zeigte, dass es ihm gut ging und er wusste, wo sein Zuhause war.

Balu hat uns leider mittlerweile verlassen und die grosse Reise über den Regenbogen angetreten. Basil aber ist präsent und fordert bei jedem Heimkommen seine Streicheleinheiten ein. Manchmal so eindringlich, dass man kaum laufen kann. Er wartet immer auf unsere abendliche Rückkehr und ist glücklich, wenn wir am Morgen Zeit für ihn haben. Er ist ein Sonnenschein, der seine Freiheit lebt, seine Scheu bewahren durfte und trotzdem zu einem unglaublich innigen und vertrauensvollen Miteinander gefunden hat. Wir sind unendlich dankbar, dass er zu unserer Familie gehört!

Liechti Christoph, Russikon

Hoffentlich werden sich dann wieder einige zukünftige Katzenhalter für eine scheue Katze entscheiden.
Wir haben mit unseren Beiden natürlich eine ideale Situation. Eine scheue und eine sehr anhängliche Katze. Aber wir können nicht behaupten, dass wir eine lieber als die andere haben. Es ist wunderschön beides zu haben. Wir würden immer wieder eine scheue Katze aufnehmen.

Pedro ist der Chef im und ums Haus. Lilly fühlt sich aber sehr wohl bei uns. Sie ist und bleibt halt eine scheue Katze und wir nehmen von ihr was sie uns gibt. Es ist daher umso schöner wenn sie uns ihre Zuneigung zeigt.
Beide geniessen im Winter unseren Kachelofen und im Sommer unseren Garten. Sie sind nie weit weg. Wenn wir sie rufen, kommen sie sofort. Nachts sind beide Katzen im Haus. Wir haben viel Freude mit den Beiden und sind glücklich, dass wir sie bei uns haben.

Doris und Karl Zweifel aus dem Glarnerland

Am Anfang steht das Verständnis

Um einer scheuen Katze gerecht zu werden, müssen wir zuallererst verstehen, weshalb sie so scheu ist. Im Umgang mit scheuen oder sensiblen Katzen nützt einem die jahrelange Erfahrung mit dieser Spezies oft wenig. Man wird mit seinen bisher gültigen Ansichten schnell eines Besseren belehrt, denn das Verhalten einer scheuen Katze kann sich sehr von dem einer zutraulichen unterscheiden. Ein Tierfreund ohne jegliche Katzenerfahrung kann schnell komplett überfordert sein. Aber auch ein Katzenkenner muss mit einem scheuen Tier ganz von vorne anfangen. Doch wer sich dieser Herausforderung stellen will, kann sich auf eine sehr spannende Zeit einstellen.

Scheu, wild oder doch verhaltensgestört?

Wo liegt der Unterschied zwischen scheu, wild und verhaltensgestört? Die Frage ist bei mancher Katze auf den ersten Blick nicht ganz einfach zu beantworten. Erschwerend kommt hinzu, dass jeder Mensch Scheu ganz anders empfindet und wahrnimmt. Die Katzen können vielleicht einmal ein für unser menschliches Denkvermögen unverständliches Verhalten an den Tag legen. Der Hintergrund dafür liegt in ihrer Unsicherheit und zeugt von grosser Angst.

Will man eine Katze verstehen, sollte man sich immer vor Augen halten, dass sie von wilden Vorfahren abstammen, die den Raubtieren zuzuordnen sind. Typisch für Wildtiere ist, dass sie die Nähe des Menschen meiden und flüchten, wenn sie auf ihn treffen. Sie wollen sich befreien und in Sicherheit bringen, wenn sie von diesem in die Enge getrieben, angefasst oder gar festgehalten werden (Abwehr- bzw. Feindverteidigungs-Verhalten). Und genau das bringen unsere Haustiger gelegentlich unmissverständlich zum Ausdruck, wenn sie sich entsprechend konfrontiert fühlen. Sie fauchen, schlagen, beissen oder kratzen – und das nie grundlos. Es ist eine arttypische Ausdrucksweise, die zum natürlichen Abwehrverhalten gegenüber Unbekanntem gehört und darf nicht generell als negativ bewertet werden. Sie signalisieren damit: „Bis hierhin und nicht weiter!“

Diese Katze ist nicht aggressiv, sie hat einfach grosse Angst.

Es gibt Katzen, denen der Kontakt, die Liebe und Fürsorge eines Menschen in den ersten Lebenswochen leider versagt bleiben. Dadurch sind sie sehr ursprünglich geblieben – auch in ihrem Verhalten Menschen gegenüber. Ihr Abwehrverhalten, wenn wir ihnen zu nahe kommen und sie sich bedroht fühlen, entspricht einem angstbedingten Notwehr-Verhalten, ganz nach dem Motto „Angriff ist die beste Verteidigung". Deshalb darf man das auch keinesfalls mit Gewalt brechen, es geht nur über einen langsamen Vertrauensaufbau. Das bedeutet, wir müssen der Katze Sicherheit im Umgang mit Menschen geben. Das geschieht in kleinen und kleinsten Schritten (siehe Kapitel «Vertrauen aufbauen»).

Wilde Katzen kennen die Nähe von Menschen nicht. Sie fühlen sich in deren Gegenwart hochgradig bedroht. Solche Tiere einzufangen, bedeutet für sie puren Stress und den Entzug ihrer Lebensgrundlage. Man sollte sie nur zur Kastration einfangen, ihnen einen Fütterungsplatz schaffen und sie dort lassen. Man macht ihnen mit dem Zähmungsversuch keinen Gefallen (siehe Kapitel «Tierschutz geht uns alle an»).

Scheue Katzen hingegen hatten die ersten Wochen wenig Kontakt zu Menschen. Oder sie sind entlaufen oder ausgesetzt worden und haben wieder ihr ursprüngliches Verhalten angenommen. Dadurch hat sich ein natürliches Misstrauen entwickelt, aber sie kennen die Gegenwart von Menschen.

Leider werden scheue Katzen von Menschen oft falsch wahrgenommen, weil diese die Gründe für die Scheu nicht nachvollziehen können. Sie nennen sie traumatisiert oder verhaltensgestört, was aber in den allerwenigsten Fällen zutrifft. Man muss sich die Frage stellen, was eine normale Katze ist. Für uns heisst, eine Katze ist sozialisiert, wenn sie in einem Gefüge mit Katzen umgehen kann. Sie sind sehr sozial unter Artgenossen. Für die meisten Menschen aber bedeutet „sozialisiert sein", sozialisiert zum Menschen sein, was nicht unbedingt normal oder natürlich, dafür aber jederzeit erlernbar ist.

Es ist von Vorteil, wenn man sich vor der Anschaffung eines Tieres Gedanken zu seiner Herkunft macht und sich mit seinen Grundbedürfnissen und angeborenen Eigenarten auseinandersetzt. Sonst kann es passieren, dass das natürliche Verhalten fälschlicherweise als Problem interpretiert wird und dem Tier verboten wird, nach seinen angeborenen Verhaltensmustern zu leben.

Mögliche Ursachen für Scheu:
- Erbanlagen (natürliche Scheu)
- Wenig sozialisiert zum Menschen
- Schmerzen (siehe Erfahrungsbericht)
- Schlechte Erfahrungen mit Menschen (Dieser Hintergrund ist aber bei weitem nicht so verbreitet, wie man denken würde).

Es gibt auch zahme Katzen, die zu Wildtieren mutieren, wenn sie gefangen oder eingesperrt werden. Gleichzeitig gibt es Wildtiere, mit denen man vermeintlich zurechtkommt, weil sie sich gefangen in einer momentanen Schreckstarre befinden.

Auch gegenüber ihren Bezugspersonen äusserst zutrauliche Hauskatzen, die in einer reizarmen Umgebung ohne Freilauf, in einem Ein- oder Zweipersonenhaushalt leben, sind oft gegenüber Fremden überdurchschnittlich scheu.

Tierfreunde, die das verstanden haben, bringen auch die nötige Ruhe, Gelassenheit und Geduld mit. Fehlt das Verständnis, nimmt man das scheue Verhalten der Katze persönlich. Das baut automatisch Druck auf und verlangsamt den Angewöhnungsprozess, oder macht ihn in manchen Fällen sogar unmöglich. Deshalb ist das Verständnis eine wichtige Voraussetzung für eine spannende und erfolgreiche Arbeit mit scheuen Katzen.

In luftiger Höhe fühlt man sich viel sicherer.

Ameline habe ich als «Wildkatze» vor 2 Jahren an meinen neuen Wohnort mitgenommen, nachdem ich sie jahrelang am Waldrand gefüttert hatte und diese Betreuung niemand übernehmen konnte.
Die Schöne war alles andere als eine angenehme Mitbewohnerin. Sie ist immer aus dem Haus gerannt, wenn ich nach Hause kam, und hat mir stets ein schlechtes Gewissen gemacht, wenn ich bei kaltem Wetter Zuhause war und sie miauend vor dem aufgebundenen offenen Katzentürchen stand und sich nicht herein getraute. Ohne deine Hilfe wäre es somit auch nie gelungen, die Lady einzufangen und zum Tierarzt zu bringen.
Nach der dringend nötigen Zahnoperation dann das Wunder: Ameline schleicht sich nachts zu mir an den Bettrand! Häufig höre ich sie leise vor sich hin schnurren :-). Sobald ich mich bewege faucht sie mich zwar ganz «Ameline like» noch an. Sie läuft aber sogar tagsüber zum Fressen in die Wohnung, obwohl ich zuhause bin!

Eine ähnliche Erfolgsgeschichte hatte ich vor 2 Jahren mit Malou. Nicht dass er jetzt der „Oberschmuser" ist, aber auch er hat sich, nachdem er keine Zahnschmerzen mehr hatte, sehr geöffnet und lies sich jetzt sogar ohne Mühe einfangen und behandeln. Das wollte ich dir kurz mitteilen, weil ich glaube, dass der Faktor Scheu durch Schmerz zu oft verkannt wird.

Nadine Böhm, Merenschwand

Auf dass Ihr neues Projekt vielen scheuen Büsis hilft, ein gutes, ruhiges, neues Zuhause zu finden. Wobei es für mich nicht wirklich scheue Büsis gibt, d.h. es gibt sie schon, aber mit Verständnis, Geduld und viel investierter Liebe und Zeit werden diese Tiere sehr treue Kameraden. Ich habe dies vor vielen Jahren bei meinem Kater Chivas erlebt. Fünf Monate lang nur leise Musik, nur in einem gewissen Abstand zu ihm sitzen und ihm erzählen, was der Tag wohl bringen mag oder gebracht hat etc. etc. Und dann ist er gekommen; mein Gott, noch heute geht mir dieser Moment unter die Haut.

Ursula Puppetti, Schaffhausen

Rundherum geschützt und schon schaut man ganz keck.

Der geeignete neue Tierfreund für eine scheue Katze

Natürlich gibt es keine klare Definition, wer sich als Halter für eine scheue Katze eignet. Schon eher gäbe es Ausschlusskriterien, obwohl auch sie schwierig zu formulieren wären. Fest steht, guter Wille und Tierliebe oder gar Mitleid reichen leider nicht, um scheuen Tieren mehr als nur einen Platz – nämlich ein richtiges Zuhause – zu schenken. Sie brauchen echte herzliche Gefühle und vor allem viel Geduld.

Doch was genau bedeutet diese Scheu einer Katze konkret für das Zusammenleben mit dem Menschen? Diese Tiere möchten Sicherheit, Geborgenheit und vor allem Ausdauer und Verständnis. Scheuen Hauskatzen fehlt das grundlegende Vertrauen in den Menschen, weil sie ihr natürliches Verhalten behalten haben. Das angeborene Misstrauen gegenüber Fremdem gehört zur Überlebensstrategie von Wildtieren und darf in keiner Phase als negativ bewertet werden. Die richtige Einstellung und das Verständnis des Tierfreundes spielt die alles entscheidende Rolle.

Geduld heisst das Zauberwort

Der Einfachheit halber benutzen wir Worte wie Geduld und Einfühlungsvermögen, um zu beschreiben, was der Umgang mit einer scheuen Katze vom Menschen fordert. In Tat und Wahrheit wissen wir aber aus unserer langjährigen Erfahrung, dass es noch viel mehr braucht, um eine gute Beziehung zu diesen Tieren aufzubauen. Das kann lange dauern – Geduld kann deshalb Wochen, Monate oder in Ausnahmefällen sogar Jahre bedeuten. Doch mit viel Feingefühl und Ausdauer lässt sich ein scheues Tier als unglaublich treuen Freund fürs Leben gewinnen. Denn wer das Herz einer scheueren Katze erobert hat, dem gehört es bis ans Lebensende. Es entwickelt sich eine innige, unbeschreiblich tiefe Beziehung, die niemand mehr missen möchte, der es einmal erlebt hat. Das sind wunderbare, erstrebenswerte Aussichten, aber nicht jedermanns Sache. Darum muss ein solches Vorhaben wirklich gut überdacht und vorbereitet werden. Eine solche Katze nochmals umzuplatzieren, könnte fatale Folgen haben und tiefe Narben in der Seele des Tieres hinterlassen. Und dies sollte auf jeden Fall vermieden werden.

Viele Tierfreunde sind der Ansicht, über viel Durchhaltevermögen zu verfügen. Doch leider sind sich die wenigsten von ihnen darüber im Klaren, was das im Zusammenhang mit einer scheuen Katze genau bedeuten kann. Denn Geduld heisst nicht einfach, passiv zu sein und abzuwarten. Im Gegenteil, es gilt besonders wachsam zu sein und im richtigen Moment im richtigen Ausmass aktiv zu werden. Eine Katze spürt, wenn man sich ehrlich um sie bemüht, und nur so kann man ihre Neugier und allmählich das Vertrauen gewinnen. Je intensiver wir die Tiere beobachten und ihre Persönlichkeit respektieren, desto schneller werden sie Vertrauen fassen.

In einem geeigneten Zuhause können aus Wildkatzen Schmusekatzen werden.

Mit Geduld können wir so viel erreichen, und wenn wir anfangen, uns an den kleinen Dingen zu freuen, ist der Erwartungsdruck an sie nicht so hoch.

Erkennen wir irgendwann die ersten Anzeichen einer Öffnung bei einem scheuen Tier, gibt uns das ein unbeschreibliches Glücksgefühl, so dass man sich ein weiteres Mal zurücknehmen muss, um das Büsi in diesem für uns überwältigenden Moment nicht mit einem Freudenschrei oder ähnlichem zu erschrecken. Diese tiefen Emotionen entschädigen uns Tausendfach für die zum Teil schwierige Zeit.

Folgende Tipps sollen dabei helfen, optimale Rahmenbedingungen zu schaffen, um eine gute Beziehung zu einer scheuen Katze zu entwickeln. Natürlich sind sie nicht allumfassend und geben lediglich einen kurzen Überblick, was alles gemeint sein könnte. Mehr zur richtigen Vorgehensweise zum richtigen Zeitpunkt finden Sie auf den weiteren Seiten:

- Was auch passieren mag – Geduld ist das oberste Gebot. Das tönt banal und doch scheitern daran viele Beziehungen.
- Respektieren Sie das natürliche Verhalten des Tieres. Nehmen Sie beispielsweise die Zurückhaltung scheuer Tiere nie persönlich.
- Setzen Sie keine Erwartungen in das Tier. Es spürt den Erwartungsdruck und ist blockiert, wenn es den Wünschen nicht entsprechen kann.
- Bleiben Sie zuversichtlich, achten Sie auf die kleinsten Fortschritte und freuen Sie sich darüber. Die Tiere spüren Ihre Gefühle.
- Sprechen Sie immer mit ruhiger Stimme.
- Vermeiden Sie hektische Bewegungen.
- Beachten Sie, dass jedes Lebewesen sein eigenes Tempo hat.
- Und – man kann es nicht genug betonen – vergessen Sie nicht, dass Tiere fühlen, was wir denken, und dass es sie schmerzt, wenn bei uns Zweifel aufkommen.

Wer über diese Geduld verfügt und sich dieser Aufgabe stellen will, wird es mit Sicherheit nie bereuen. Es ist eine tiefe Beziehung zu einem anderen Lebewesen, die auf Verständnis und Respekt basiert.

Das Geheimnis: Wenn keiner vom anderen mehr erwartet, als dieser bereit ist zu geben, ist das eine sehr gute Basis zum Glücklichsein.

«Verhaltensprobleme sind die häufigsten Abgabegründe bei Katzen. Dass vieles jedoch unter natürlichem Verhalten einzureihen ist, der Halter jedoch darauf nicht vorbereitet war, zeigt, wie wichtig die Auseinandersetzung mit einer Tierart vor der Anschaffung ist.»

Gabriela Golob (ehemals Kropitz), Wien
Verfasserin des Ratgebers «Heimtiere: Was muss ich beachten?» im Auftrag des Lebensministeriums Wien.

Aus der Sonderausgabe Veterinary Focus: «Warum eine Sonderausgabe über Angst der Katze?»
«Zunächst, weil Katzen aus ethologischer Sicht dem Menschen nicht so nahe stehen wie der Hund. Dies bedeutet, dass sie häufiger Opfer von Missverständnissen und Ignoranz seitens ihrer Besitzer werden, insbesondere, weil sie aufgrund ihrer Lebensweise und ihrer Haltungsbedingungen in unseren modernen Gesellschaften vermehrt den Fehlern des Menschen ausgesetzt sind».

Philippe Marniquet, Aimargues (F)
Dr.med.vet.

Das passende neue Zuhause für scheue Katzen

Geduld und Tierliebe sind wunderbare menschliche Eigenschaften im Umgang mit Tieren. Aber leider reichen sie nicht, um scheuen Katzen das ideale Zuhause zu schenken. Wer aber die notwendigen Voraussetzungen erfüllen kann und zudem über viel Durchhaltewillen und ein grosses Herz verfügt, wird mit scheuen neuen Familienmitgliedern eine erfüllende Aufgabe finden.

Wie sieht das geeignete Zuhause für scheue Katzen aus?

Ideal ist beispielsweise ein Eigenheim in ländlicher Gegend mit nicht allzu lebhaftem Haushalt sowie einem ebenerdigen Zugang in einen Garten mit geschützter Umgebung (Sträucher, keine offenen Flächen), sonst bleibt er ungenutzt. Ein Katzentor ist ein Muss (siehe Kapitel «Weshalb ein Katzentor»). Es sollte ebenerdig gut erreichbar sein, so dass das Tier in einer allfälligen Gefahrensituation nicht erst über eine Treppe in die Höhe flüchten muss.

Die Wohnungshaltung ohne Freigang wird menschenscheuen Katzen nicht gerecht, denn sie sind fast ausnahmslos im Freien geboren (siehe auch Kapitel «Goldener Käfig»). Unseres Erachtens schränkt es ausserdem Kinder zu sehr ein, wenn sie auf eine scheue Katze Rücksicht nehmen müssen. Für eine Familie eignen sich all die zutraulichen Katzen, die man in fast jedem Tierheim findet, deutlich besser.

Die Notwendigkeit von stabilen Verhältnissen machen leider auch junge Menschen eher ungeeignet für eine scheue Katze, so grossherzig die Absichten und der tierschützerische Einsatz gerade bei dieser Generation oft sind. In jungen Jahren nimmt das Leben natürlicherweise noch sehr viele Wendungen, die kaum vorauszusehen sind. Die Lebens- und Berufssituation kann sich ganz unerwartet ändern (Familienzuwachs, Auslandaufenthalt, Umzug, Berufswechsel, Weiterbildung etc.). Die so wichtige Stabilität findet ein scheues Tier deshalb einfacher in einem gefestigten Haushalt.

Grosse Unterstützung findet ein scheues Tier hingegen bei einem oder mehreren Artgenossen. Deshalb eignen sich scheue Büsi grundsätzlich nicht für die Einzelhaltung. Von einer zutraulichen Zweitkatze können sie sehr viel lernen, so dass der Weg in ein behütetes Katzenleben einiges einfacher fällt.

Damit eine scheue Katze überhaupt die Möglichkeit erhält, Vertrauen zu einem Menschen aufbauen zu können, braucht es vor allem ein stabiles und unterstützendes Umfeld in einer ruhigen Umgebung.

Das Beste ist jedoch eine Kombination von zwei scheuen Katzen mit einer oder zwei menschenbezogenen Artgenossen. Nimmt man gleichzeitig zwei Scheue dazu, kann man sie zur Eingewöhnung

Mami, Holly und Funny geniessen nach vier Jahren Tierheim die Natur in vollen Zügen.

einfacher und länger in einem Zimmer halten, ohne dass eine völlig isoliert ist.

Auch Berufstätigkeit sollte kein Hindernis sein, solange man sich am Abend Zeit für das neue Familienmitglied nimmt. Für jemanden, der den ganzen Tag arbeitet, ist ein Schmusebüsi nicht die richtige Wahl. Es wird sich sonst seine Streicheleinheiten in der Umgebung holen und oft wegbleiben. Scheue Katzen jedoch sind sehr bescheiden und genügsam und können sich in einer ruhigen Umgebung mit Artgenossen so richtig entfalten und ein zufriedenes, dankbares Familienmitglied werden.

Als wir unser Haus auf dem Lindenberg bauten, spielten unsere sechs Katzen eine grosse Rolle bei der Wahl des Ortes: ruhig, verkehrsarm und ländlich sollte es sein, um Freigang zu ermöglichen. Und die Katzentür an geschützter Stelle wurde schon in die Baupläne eingezeichnet. Dank Teilzeitarbeit kann ich mich auch ausgiebig um die Tiere kümmern.

Im Winter 04 machten wir mit einem menschenscheuen Kater Bekanntschaft, dem wir ein neues Zuhause bieten wollten. Doch er war unsichtbar unter einem Tuch versteckt. Wir waren überzeugt, dass dies ein Wink des Schicksals war, und so kam es, dass wir Mando(lino) mit nach Hause nahmen, ohne ihn überhaupt gesehen zu haben. Er tat uns sehr leid, wie er am Anfang in der hintersten Ecke kauerte und jedes Mal panisch fauchte, wenn wir nach ihm sehen wollten. Er kam zwar nachts hervor um leise und heimlich das Klo zu benützen, das ich in die Nähe gestellt hatte und der Napf war am Morgen jeweils leer. Aber es dauerte mehr als sechs Wochen, bis er erstmals Kontakt aufnahm.

Als ich eines Abends wie üblich auf der Bettkante sass und mit dem unsichtbaren Kater plauderte, spürte ich plötzlich den Hauch einer Berührung an meiner Ferse. Zwei Tage später geschah endlich der Durchbruch und Mando kam vorsichtig und geduckt hervor. Da sah ich zum ersten Mal, wie unser neuer Mitbewohner überhaupt aussieht! Es folgte eine Zeit, in der er mir um die Beine strich und ich ihn mit den Zehen oder einer Spielzeugangel streicheln konnte. Aber sobald ich mich ihm mit der Hand nähern wollte, verschwand er sofort wieder. Was für eine Freude, als ich ihm nach ca. 14 Wochen zum ersten Mal auch mit der Hand ganz vorsichtig über den Rücken streichen durfte! Ich wäre vor Freude am liebsten jubelnd herumgehüpft. Doch stattdessen hielt ich den Atem an und traute kaum, mich zu bewegen aus Angst, den Moment zu zerstören und Mando zu erschrecken. Sein Kopf war aber immer noch tabu: er zeigte mir deutlich, wo die Grenze lag, was ich akzeptierte und ihn nicht weiter bedrängte.

Im Laufe der Zeit wurde Mando mutiger und erkundete allmählich das ganze Haus. Durch das Beobachten der anderen Katzen entdeckte er bald die Katzentür und der neu gewonnene Freigang schien sein Selbstbewusstsein zu stärken, was zu weiteren Fortschritten führte. Heute feiern wir Mandolinos 1. Jahrestag und ganz besonders seine Entwicklung vom extrem menschenscheuen Streuner zum Schmusekater. Das ist er nämlich inzwischen geworden – sein liebstes Hobby ist „kuscheliger TV-Abend und Kampfschmusen" mit uns auf dem Sofa.

Seither sind 14 Jahre vergangen in denen einige Tiere gestorben, aber auch immer wieder neue, oft sehr scheue, dazu gekommen sind. Die Scheuen waren immer sehr sozial, haben sich problemlos in die Gruppe integriert und haben von den Zutraulichen viel abgeschaut und so allmählich Vertrauen aufgebaut. Mando ist inzwischen der Senior der heute fünfköpfigen Katzengruppe, sehr menschenbezogen und kuschelt sich jede Nacht auf dem Bett an mich, wie alle anderen auch. Wer hätte gedacht, als wir ihn zu uns holten, dass er eine solche Wandlung durchmacht!

Das Zusammenleben mit scheuen Tieren fordert extrem viel Geduld und Verständnis. Sie haben mich gelehrt, mich im Alltag allgemein mit viel Ruhe, Zurückhaltung und Verständnis für „Andersartige" zu bewegen, um sie nicht zu ängstigen oder zu überfordern. Es ist jedes Mal eine grosse Herausforderung, aber wenn das Eis bricht und das Vertrauen wächst, gibt mir das unendlich viel Freude und wunderbare Momente des Glücks. Ich möchte keinen Augenblick mit den scheuen Tieren missen.

Vroni Eisler, Hämikerberg

Scheue Katzen sind auf Artgenossen angewiesen.

PEPINA 6 JAHRE IM TIERHEIM

PEPINA IM NEUEN ZUHAUSE

Foto: Ugolini

Wo finde ich scheue Katzen?

Der Entschluss ist gefasst, freuen Sie sich auf die grosse Herausforderung!

Man tut gut daran, sich zuerst in einem gut geführten Tierheim umzuschauen. Die Verantwortlichen dort können ihre Katzen in der Regel sehr gut charakterisieren und Tierfreunde auch beraten. Lassen Sie sich aber nicht entmutigen, wenn noch einige Hürden überwunden werden müssen. Man sollte darauf gefasst sein, wenn die guten Absichten zuerst einmal auf Skepsis stossen. Schon hier ist viel Geduld gefragt.

Eine Katze aus dem Tierheim

Das liegt daran, dass Tierheime ihre Schützlinge nicht einfach loswerden wollen, sondern ihnen einen passenden Platz für den Rest ihres Lebens sichern möchten. Damit das möglich ist, müssen viele Dinge zusammenpassen. Nicht jede Katze eignet sich für jede Familie oder jeden Ort. Deshalb werden in einem guten Tierheim sowohl die privaten, als auch die beruflichen Lebensumstände und insbesondere die Wohnsituation im Detail unter die Lupe genommen. Oft wird dafür ein schriftlicher Antrag eingesetzt, der die Verhältnisse rund um das neue potenzielle Zuhause eines Tieres klären soll. Ausserdem wird bei einer Platzierung ein Tierschutzvertrag abgeschlossen. Beides dient sowohl dem Schutz des Tieres als auch des Tierfreundes. Beiden soll eine schmerzhafte Erfahrung einer gescheiterten Platzierung erspart bleiben.

Selbst wenn man diese „Prüfung“ besteht, kann es sein, dass ein Tierheim gerade seine scheuesten Pensionäre nicht zur Platzierung freigeben will. Denn zu ihnen haben Tierheimleiter gerne eine

In einem guten Tierheim steht die Beratung zum Wohl der Tiere im Vordergrund.

Tierschutzorganisationen müssen bei einer Platzierung eine Linie einhalten, die vielen auf den ersten Blick etwas zu weit gehend erscheint. Das hat nichts mit Misstrauen und Schikanen zu tun. Sie bemühen sich lediglich, für die ihnen anvertrauten Schützlinge den bestmöglich zugeschnittenen Lebensplatz zu finden.

ganz besondere Beziehung aufgebaut, was durchaus nachvollziehbar ist. Diese Schützlinge befinden sich oft schon Jahre in ihrer Obhut. Da ist die Gefahr gross, dass diesen, zugegebenermassen vielfach nicht einfachen Tieren, ihre Chance verwehrt bleibt. Die Angst vor einem Scheitern überwiegt oft und man will den Tieren auch das mittlerweile vertraute Heim nicht wieder wegnehmen. Dennoch gibt es sie, jene Tierheimverantwortlichen, die davon überzeugt sind, dass jedes Lebewesen ein eigenes Zuhause verdient hat – egal, wie alt und scheu es ist oder wie lange es sich schon in einem Tierheim befindet. Voraussetzung dafür ist aber ein absolut passender Lebensplatz.

Mit unseren Erfolgsgeschichten aus Rückmeldungen glücklicher Tierfreunde und ihrer Schützlinge konnten wir in letzter Zeit einige solcher Tierheimverantwortlicher gewinnen und sie zu einer Zusammenarbeit bewegen. Diesen wahren Tierfreunden gilt unser höchster Respekt. Sie stellen ihre Gefühle zurück, um ihren über die Jahre so lieb gewonnenen Tieren nochmals eine Chance auf ein eigenes schönes Zuhause zu geben. Sie stellen das Tierwohl über alles andere – herzlichen Dank dafür!

Bauernhofkatzen

Das Interesse an jungen Katzen vom Bauernhof ist auf den ersten Blick verständlich. Meistens werden sie gratis und unkompliziert abgegeben. Es muss kein Schutzvertrag unterzeichnet werden. In der Regel gibt es auch keine aufwändige, vielen Menschen lästig anmutende Abklärung zu den künftigen Lebensbedingungen der Katze. Es scheint alles so einfach. Ohne sich gross Gedanken über die Konsequenzen der Tierhaltung machen zu müssen, kann man es einfach einmal mit einem herzigen jungen Büsi versuchen. So landen freiheitsgewohnte Jungtiere auch in Wohnungen ohne Auslauf, zudem oft alleine, was in unseren Augen an Tierquälerei grenzt.

Sollte man sich trotz allen tierschützerischen Überlegungen (siehe auch Kapitel «Tierschutz geht uns alle an»), die dagegen sprechen, für ein Jungtier vom Bauernhof entscheiden, wäre es sinnvoll, wenigstens die Kastration des Muttertiers zur Bedingung zu machen. Nur so kann ein Zeichen gesetzt werden gegen die weitere unkontrollierte Katzenvermehrung auf Bauernhöfen, welche eine grosse Mitschuld trifft an der Katzenüberpopulation in der Schweiz. Solange Bauern ihre Jungtiere problemlos platzieren können, werden sie sich hierüber keine Gedanken machen. Ausserdem landen viele dieser abgegebenen Bauernhofbüsi nach kurzer Zeit im Tierheim, weil sich die Tierhaltung als komplizierter herausstellt und eben doch teurer (Impfkosten, Kastration, Entwurmung etc.) ist, als sich das der eine oder andere Tierhalter vorgestellt hatte. Nur Geburtenkontrolle kann diesen Teufelskreis durchbrechen! Wahre Tierfreunde machen sich auch über diese Problematik Gedanken.

Ich hatte noch nie eine Katze vom Tierheim, sondern immer junge von privaten Leuten. Mein vorletztes Weibchen hatte ich 17 Jahre. Das letzte Weibchen ist, obwohl sie Junge hatte, nicht mehr nach Hause gekommen. Ich denke, da war genau die Problematik, die sie beschrieben hatten, mit dem Jagen nachts.

Wir haben beschlossen, keine Jungen mehr zu nehmen und wollten einer Katze aus dem Tierheim eine Chance geben, bei uns ein glückliches Zuhause zu finden.

Ich bin angenehm wie auch ein wenig überrascht, wie das hier abläuft. Ich war vielleicht etwas naiv zu glauben, dass die Tierheime froh darüber sind, dass jemand sich für eine Katze aus dem Heim entscheidet, denn ehrlich gesagt, finde ich es ein wenig kompliziert, wie das gehandhabt wird, mit Antrag usw... Auf der anderen Seite finde ich es auch wieder gut, dass Sie besorgt dafür sind, dass das Tier gut untergebracht wird.

Ich gehe halt von mir aus. Ich habe mich entschlossen, wieder eine zweite Katze zu halten, das heisst für mich ich gebe ihnen ein schönes Zuhause, zu fressen und viel Liebe und Zuneigung, und ich finde, dazu brauche ich keine Anträge, Verträge usw... Bitte verstehen Sie mich nicht falsch, ich finde es super, was Sie da tun. Ich meinte halt, wir können ins Tierheim kommen, uns Zeit nehmen, mit den Tieren etwas auf Tuchfühlung gehen, uns entscheiden und mitnehmen, in der Annahme, die Heime denken sich, lieber ein schönes Zuhause als im Heim. Doch das ist anscheinend nicht oder nicht mehr so.

Mit freundlichen Grüssen
Ramona Hoffmann, Endingen

Sehnsucht nach der freien Natur.

Goldener Käfig für Freigänger

Das Wohl der Tiere steht für jeden Tierfreund an oberster Stelle. Doch so unterschiedlich wie wir Menschen sind, so verschieden sind auch unsere Ansichten.

Selbst von Fachleuten hört man immer wieder, dass scheue Katzen besser in der Wohnung gehalten werden sollten, damit sie nicht weglaufen und wieder verwildern. Wir verfolgen aufgrund unserer langjährigen Erfahrung mit solchen, nicht genügend an den Menschen sozialisierten Tieren, eine andere Philosophie. Für uns steht ausser Frage, dass ein neugieriges, freiheitsliebendes Wesen wie die Katze nur mit spannenden Sozialkontakten und vielen abwechslungsreichen Abenteuern in der Natur ein artgerechtes Leben führen kann.

Wer einer scheuen Katze ein neues Zuhause schenken möchte, sollte sie deshalb nicht unnötig in ihrer Freiheit einschränken, sondern ihr den Weg in ein Katzenleben mit Anschluss an uns Menschen als vollwertiges Familienmitglied ermöglichen. Sperrt man sie in eine Wohnung, ist das, wie wenn man einem Vogel die Flügel stutzt, um ihn am Fliegen zu hindern.

Meine Katze will nicht hinaus

Viele Tierhalter argumentieren, dass ihre Katze gar nicht hinaus wolle, weil sie Angst habe. Das mag anfangs tatsächlich so sein. Aber das ist kein Grund, diesen freiheitsliebenden Tieren ein richtiges Katzenleben vorzuenthalten und sie in einen „goldenen Käfig" zu sperren, egal, wie gross ein Haus oder eine Wohnung sein mag. Die Schlussfolgerung, die Katze brauche oder wolle keinen Freigang, ist eine falsche Interpretation dieser Scheu. Sie führt leider dazu, dass Hunderte ehemaliger Strassenbüsis in Wohnungen ohne Freigang platziert werden, oft sogar als Einzelkatze. Was das für Tiere bedeu-

tet, die einmal die Freiheit kannten, ist unvorstellbar.

Tatsächlich gehen viele scheue Katzen vor allem am Anfang wirklich nur wenig nach draussen. Es ist ganz natürlich, dass eine neue Umgebung ein scheues Büsi anfangs einschüchtert. Diesen Tieren fehlt es in der Regel am grundlegenden Vertrauen, das zuerst aufgebaut werden muss. Die meisten ziehen es zunächst lange vor, drinnen zu sein und nur manchmal für einige Minuten draussen einen Rundgang zu machen.

Mein Liebling ist zufrieden

Freilaufkatzen – auch ältere Tiere – die nach einem Umzug keinen Auslauf mehr bekommen, werden von ihrem Tierfreund oft als zufrieden dargestellt. Aber aufgepasst! Was unkritisch als Zufriedenheit bezeichnet wird, kann womöglich sogar Lethargie bedeuten. Ein Leben in Gefangenschaft kann, das sollte jedem bewusst sein, mit der Zeit den stärksten Willen brechen. Man passt sich an, stumpft ab, verliert das Interesse und die Neugier. Sicherlich gibt es immer wieder „Stubenhocker" unter den Katzen. Nur liegt es nicht am Tierhalter, sie allenfalls gegen ihren Willen dazu zu machen. Eine artgerecht gehaltene Katze sollte wenigstens die Möglichkeit haben, selbst zu entscheiden, ob sie hinaus will oder nicht.

Mina hilft beim Apfelpflücken (Foto Kast).

Reine Wohnungshaltung kann den Grundbedürfnissen keiner scheuen Katze gerecht werden – sie müssen ihr Naturell, das uns Menschen so fasziniert, bei Freigang ausleben dürfen.

Vertrauen schenken

Für scheue Heimkatzen bedeutet das, dass wir ihnen beim Aufbau eines grundlegenden Vertrauens in den Menschen helfen müssen. Nur so werden sie mutiger ihrer Umgebung gegenüber und finden zu einem erfüllten, abwechslungsreichen Katzenleben. Natürlich ist erst einmal eine gewisse gegenseitige Angewöhnungszeit drinnen nötig, bevor wir einen neuen Schützling hinauslassen können. Doch auf keinen Fall sollte man das neue Familienmitglied monatelang im Haus einsperren. Das kann kontraproduktiv wirken und sogar krank machen.

Sobald auch nur ein zartes Band von Verbundenheit geschaffen ist, kann ganz behutsam mit dem unterstützten Freigang (siehe Kapitel «Erster Ausgang», «Rituale – ebenerdig eingebautes Katzentor») begonnen werden. Lassen Sie sich überraschen, welche Fortschritte dann erst möglich werden für Ihren Schützling – dank des in ihn gesetzten Vertrauens, welches er so vielleicht zum ersten Mal in seinem Leben erfährt.

Ich habe von Ihnen die Katze Mina übernommen, nachdem sie zu Ihnen zurückgekommen war, weil die Besitzerin in ein Heim musste. Sie haben mir erzählt, dass Mina von Ihnen mit Freilauf platziert worden ist und die Frau später in eine Wohnung umzog, wo Mina nur noch einen Balkon zur Verfügung hatte. Die Frau war der Meinung, Mina liege nur den ganzen Tag herum und vermisse nichts.

Nun zur Sache: Mina war bei uns nur draussen und kam nur zum Essen herein und brachte mich fast zur Verzweiflung. Ob sie wohl Nachholbedarf hatte?

Wenn wir im Garten sind, ist sie sofort da. Wenn wir im Hof zu tun haben genauso. Ins Haus kam sie aber nur, um ihr Futter zu fressen. Das machte mich schon unglücklich. Dann fing ich an, mich zu ihr ins Freie zu setzen, liess sie einfach gewähren.

Nun haben wir ein völlig verändertes Büsi. Mina ist zwar nach wie vor im Hof, kommt aber am Abend immer ins Haus, sitzt mir auf den Schoss und will ihre Streicheleinheiten. Der Hof mit Tisch und Bank ist ihr Reich. Die anderen Bewohner lieben Mina als „Hofbüsi“ genauso, und darüber sind wir sehr froh. Manchmal schläft sie auch auf dem Tisch. Besucher, die einen Hund mitbringen, stören sie überhaupt nicht.

Jetzt denken wir, Mina ist wirklich angekommen. Wir haben auf unsere Englandreise verzichtet, weil wir Mina nicht weggeben wollten. Irgendwie werden wir das Gefühl nicht los, dass sie lange Zeit sehr unsicher war. Ob es an ihrer Vergangenheit lag?

Ja, ja, unsere glückliche Mina. Sie macht buchstäblich Purzelbäume im Hof. Den Apfelbaum in unserem Garten liebt sie auch. Sie geht bis in die Krone und schaut uns bei der Apfelernte zu. Immer, wenn mein Mann einen Apfel pflücken wollte, kam sie mit der Pfote dazwischen. Unsere Nachbarn und wir haben uns herrlich amüsiert.
Lange Zeit Geduld und viel Einfühlungsvermögen, nichts zu erzwingen und ihren Willen höchstens etwas zu lenken, das war und ist unser aller Erfolg!

Ganz liebe Grüsse von Mina und den Zweibeinern Kast, Schöfflisdorf

Eingewöhnungshilfe

Sie haben sich entschieden ein scheues Büsi aufzunehmen. Ihr zukünftiger Mitbewohner kann sich darauf freuen bei Ihnen ein liebevolles Zuhause zu finden. Wer sich auf dieses Abenteuer einlässt, wird vieles über Katzen, ihre Bedürfnisse, ihre Kommunikation mit uns Menschen und nicht zuletzt über sich selber lernen.

Der Einzug in eine neue Umgebung zu unbekannten Menschen bedeutet für eine scheue Katze jedoch zuerst einmal eine enorm grosse Belastung. Um diese Umstellung möglichst stressarm zu gestalten, ist eine gute Vorbereitung von grösster Bedeutung.

In der Anfangszeit frei zu nehmen oder Ferien zu machen, ist nicht notwendig. Damit wartet man besser eine Weile, um die Samtpfote dann zu unterstützen, wenn sie uns wirklich dringend braucht, zum Beispiel wenn sie ihre ersten Schritte ins Freie wagen soll.

Optimalen Zufluchtsort schaffen – willkommen im neuen Zuhause

Man erleichtert einem scheuen Neuankömmling den Start, wenn man ihn erst einmal in einem ruhigen vorbereiteten Zimmer einquartiert und ihm nicht sofort die vielen Eindrücke des ganzen Hauses oder der ganzen Wohnung zumutet. Zu Beginn braucht er einen beschränkten, geschützten und ruhigen Rahmen, in dem er sich zurückziehen und geborgen fühlen kann.

Nun können Sie Ihrer Kreativität freien Lauf lassen:

Neben einigen Kuschelecken mit verschiedenen Bettchen, in denen Ihr neuer Mitbewohner den Tag verträumen kann, sollte ein Katzenzimmer auch mit Körben oder anderen Höhlen ausgerüstet sein, in die er sich zurückziehen kann. Um die Krallen zu wetzen, braucht es auch Katzenbäume. Diese werden von Vorteil ans Fenster gestellt, von wo unser Schützling die Umgebung beobachten kann. Besonders wichtig ist, dass der Raum in die Höhe genutzt wird, da Katzen sich am liebsten auf **erhöhten Ebenen** aufhalten, von denen sie das ganze Geschehen um sich herum im Auge behalten können.

Zum Beispiel legen wir ein Brett auf den Katzenbaum und machen so eine Verbindung zu einem Schrank oder zu einem Büchergestell. Wer bereit ist für sein neues Familienmitglied etwas mehr Aufwand zu betreiben, kann mit einfachen Regalbrettern eine zweite Ebene im Raum bauen. Der Phantasie sind keine Grenzen gesetzt. Und eines ist gewiss, die Tiere werden sich freuen.

Wenn Sie das Zimmer mit viel Liebe auf die Bedürfnisse Ihres neuen Familienmitgliedes einrichten, können Sie ihm das Gefühl von Willkommensein vermitteln. Wenn es sich seiner Art entsprechend verhalten kann, erhält es die Möglichkeit, mit der Zeit Sicherheit zu bekommen und sich zur Freude aller zu entwickeln.

Grosse Kratzbäume am Fenster, Liegeflächen über unserer Kopfhöhe und transparente Tücher sind sehr geschätzte Einrichtungsgegenstände.

Stellen Sie mindestens zwei offene grosse Katzenklos in je eine Ecke, die regelmässig gereinigt werden. Der Katze stinkt`s, in eine Kiste zu gehen, die nicht ganz sauber ist. Das Lieblingsessen wird in einer anderen Ecke platziert, aber nicht gleich neben dem Wasser.

Diese Tasche eignet sich sowohl als Versteck als auch für den Transport.

zur Hälfte mit einem Tuch bedeckt. Oder ein Stuhl mit einer Decke darüber und transparente Tücher oder alte Vorhänge, die man im Raum aufspannt.

In und hinter solchen Verstecken kann die Katze uns sehen, fühlt sich aber sicher und wohl und damit auch geborgen.

Kartonschachteln mit Tuch darüber sind ideale Versteckmöglichkeiten für scheue Katzen.

Eine Transporttasche oder ein Korb als Einrichtungsgegenstand aufzustellen hat viele Vorteile. Die Katze verliert die Angst vor diesem Gegenstand. Sie ist gleichzeitig ein guter Unterschlupf, kann auf allen Seiten geöffnet werden, und das scheue Tier kann so transportiert werden, wenn es einmal nötig wird.

Grosse Möbel oder Betten, hinter oder unter denen sich das Büsi verkriechen kann und wir keinen Zugang haben, sollten aber abgedichtet werden. Gut geeignet sind dagegen seitwärts gekippte Schachteln, nach Möglichkeit in der Höhe platziert und

Um nicht unnötigen Stress auszulösen unbedingt darauf achten, dass alle Höhlen und Verstecke so befestigt sind, dass keine herunterfallen können.

Die Einrichtung gestalten wir so, dass wir das Tier auch an seinen geschützten Orten sehen können und später auch ein Handkontakt möglich wäre, auch wenn man ihm am Anfang viel Zeit lässt und es nicht bedrängt. Damit sich die Katze schneller an uns gewöhnt und unseren

Geruch kennenlernt, platziert man ein getragenes Kleidungsstück irgendwo im Zimmer.

Man halte sich beim Einrichten immer vor Augen, dass dieses Quartier der Katze mit der Zeit als Zufluchtsort dienen wird. Es ist der Ort, an den sie sich in Zukunft flüchten wird, wenn sie erschrickt, aber auch der, an den sie sich zurückzieht, um sich geborgen und sicher zu fühlen, wenn beispielsweise überall gelüftet wird, der Staubsauger läuft oder Besuch kommt. Scheue Katzen erschrecken schnell (Kühlschrank-Brummen, Staubsaugen, Stimmen, WC-Spülung, TV, Türklingel usw.).

Gittertüre – eine wertvolle Hilfe

Den Zufluchtsort für die erste Zeit mit einer gebastelten Gittertüre auszustatten hat viele Vorteile. So ist der Neuling nicht isoliert, er hört bereits unsere Geräusche und kann an unserem Geschehen auf Distanz teilhaben. Auch die Anpassung an eine Zweitkatze findet so viel sanfter statt. Zudem ist er hinter der Gittertür sehr viel mutiger und geht offener auf uns zu, weil er dahinter Sicherheit hat.

Die Gittertüre kann später auch als Katzenfester umfunktioniert werden.

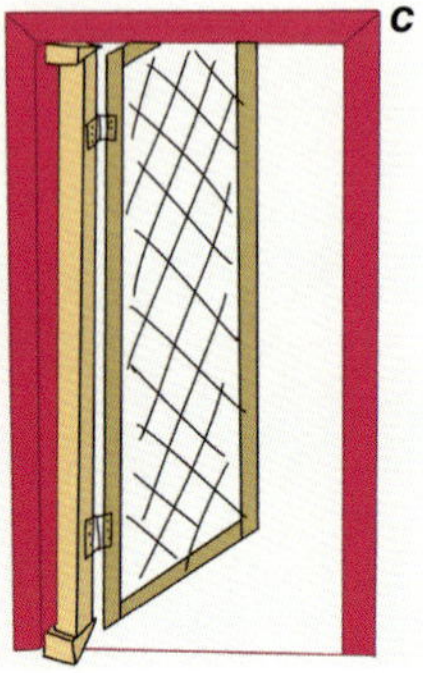

a: Einfache Variante

b: Luxusvariante (Foto Dietrich)

c: Weitere Möglichkeit

d: hinter Gitter ist man mutiger

Am Anfang ist Ruhe das Allerwichtigste

Es ist verständlich, dass man sich freut, wenn ein neues Familienmitglied ins Haus kommt. Und man möchte alles tun, um ihm den Start zu erleichtern. Was der Neuling bei seiner Ankunft aber am meisten benötigt, ist Ruhe und Zurückhaltung. Das Beste ist deshalb, wenn er die unbekannte Umgebung zuerst einige Tage in aller Ruhe allein und ohne unsere gutgemeinte Hilfe erkunden kann. Wir beschränken unsere Anwesenheit vorerst einmal auf die Fütterungszeiten oder wir legen uns zu ihm auf den Boden.

Für die Katze ist anfangs jedes Geräusch und jeder Geruch neu und aufregend – das bedeutet permanenten Stress, der

Hinter transparenten Tüchern fühlt sich der scheue Beobachter sicher.

auch das Immunsystem beeinträchtigen kann. Sie braucht deshalb viel Zeit, um alles in Ruhe zu verarbeiten und sich an alles – auch an ihren wohlmeinenden neuen Tierfreund – zu gewöhnen. Leise Musik kann eine beruhigende Wirkung auf Katzen ausüben und beängstigende Fremdgeräusche dämpfen, z.B. RelaxoPet. Ebenso ein Verdampfer wie Pet Remedy beruhigt Katzen, sowie grünes Licht, Bachblüten z.B. Nr. 33, 29, 26, 20 und 12 (ohne Zusatz von Alkohol).

Erst nach einigen Tagen, in denen das neue Familienmitglied sein Quartier in aller Ruhe kennenlernen durfte, wird die Türe geöffnet, dann wenn es sich auch am Tag öfters hervortraut. Die Samtpfote kann nun weiter auf Entdeckungsreise gehen, sofern sie sich dazu schon bereit fühlt. Zuerst am besten einmal nachts, wenn wir schlafen und keine Bedrohung darstellen. Das Katzentor muss dann nach aussen unbedingt verschlossen und abgedeckt bleiben.

Achtung Gefahr

Für ein scheues Büsi können viele alltägliche Dinge schnell zu einer Gefahr werden: (Siehe Kapitel «Vermeidbare Gefahren: Schützen Sie Ihre Katze»).

Nachtaktiv

Eine scheue und somit meist verunsicherte Katze ist in einem neuen Zuhause naturgemäss erst einmal nachtaktiv. Wenn sie sich tagsüber versteckt, wird sie nachts das Haus erkunden und vielleicht schon spielen. Man muss sich auf eine etwas unruhige Zeit einstellen. Das wird sich aber bald einmal legen, sobald sie sich heimisch fühlt und sich dann auch am Tag genügend bewegt. Ist die Katze tagsüber viel und oft beschäftigt, zum Beispiel mit Spielen, wird sie sich nachts ruhiger verhalten.

Meist findet auch der erste freiwillige Kontakt zum Menschen nachts statt, wenn man schläft und die Katze die Möglichkeit hat, den Tierfreund von sich aus zu beschnuppern, denn schlafend stellt man keine Gefahr dar. So erfolgt die Anpassung von Mensch und Tier schneller und auf ganz natürliche Weise. Deshalb sind geschlossene Schlafzimmertüren mit einem scheuen Büsi äusserst kontraproduktiv.

Frühzeitig vorbereiten für den ersten Ausgang

Mit dem ersten Ausgang sollte so lange gewartet werden, bis die Beziehung zum neuen Familienmitglied gefestigt ist. Je stabiler das Vertrauensverhältnis zu allen Angehörigen ist, desto einfacher wird das Erlebnis Ausgang für alle zu bewältigen sein. Das braucht viel Zeit, die man einer scheuen Tierheimkatze unbedingt einräumen muss (siehe auch Kapitel «Vertrauen aufbauen»).

Die Zeit bis zum ersten Ausgang kann sinnvoll genutzt werden, um die Katze gründlich vorzubereiten. Auf einem eingenetzten Balkon hat sie beispielsweise die Möglichkeit, sich in einem geschützten Territorium langsam an die Geräusche in der Umgebung zu gewöhnen. Wer ebenerdig mit Sitzplatz oder Veranda lebt, kann

Durch das Fliegengitter können erste wertvolle Kontakte zu Nachbarskatzen entstehen.

an einem Fenster ein Fliegengitter montieren. Idealerweise sollten die mit Netzen oder Gitter gesicherte Balkontüre oder Fenster bis zum ersten Ausgang öfters Tag und Nacht offenbleiben. So lernt die Katze die verschiedenen Geräusche rund um die Uhr kennen. Vielleicht kann sie so auch schon erste Schnüffelkontakte mit anderen Katzen in der Umgebung haben oder Hunde bellen hören. Mit dieser Vorbereitung wird sie später draussen weniger erschrecken und nicht gleich in Panik geraten.

Dieser Aufwand lohnt sich übrigens nur schon, um sein neues Familienmitglied im neu gestalteten zusätzlichen Lebensraum beobachten zu können. Neue Eindrücke steigern die Lebensfreude, denn Neues, auch neue Geräusche und Gerüche, sind unwiderstehlich für Katzen. Auf diese Weise werden sie sich auch viel schneller öffnen und Vertrauen in uns gewinnen.

Geschützter Freigang in der Eingewöhnungszeit hat viele Vorteile.

Und womit könnten unsere Bemühungen besser entschädigt werden?

Das Training mit der Futterbüchse funktioniert wie folgt: Es hat sich bewährt, einige Wochen vor dem Ausgang vor jeder Mahlzeit mit einer Büchse mit Leckerli zu schütteln. Oder ihr einen ultimativen Lockruf anzutrainieren = sogenanntes hochpositiv verstärktes Rückruftraining. So erkennt die Katze diesen Ton wieder. Man kann sie damit nach Hause locken, auch wenn man sie später vielleicht einmal suchen muss.

Lesli und Nia im neuen Zuhause angekommen (Foto Baumgartner).

Bauliche Vorbereitungen

Im Haus muss von Anfang an ein ebenerdiges Katzentor Richtung Garten eingebaut sein. Ein Fluchtweg in die Höhe, über Katzenleitern, durch Fenster etc. ist für scheue Katzen zu beschwerlich. Man läuft Gefahr, dass sie im entscheidenden Moment woanders hin flüchten.

Auch rings ums Haus und auf der Terrasse sollte es mehrere speziell für die Katze eingerichtete geschützte Plätze geben und ebenso die enorm wichtigen erhöhten Ebenen. Fühlen sich Katzen wohl zu Hause, gibt es viel weniger Gründe, weit vom Haus wegzugehen. Und das gilt natürlich nicht nur für die Eingewöhnungszeit, sondern für das ganze Katzenleben. Sie werden sich dort wohl fühlen und weniger Gefahren ausgesetzt sein.

Katzen möchten öfters nur frische Luft schnuppern und dem Geschehen zuschauen. Sind solche Aussichtsplätze vorhanden, haben sie keinen Grund weit weg zu gehen. Für uns ist ihre Anwesen-

Mit einigen Unterständen und Aussichtsplätzen im Garten bleiben die Katzen eher ums Haus und sind so weniger Gefahren ausgesetzt.

heit ein Zeichen, dass sie sich wohl fühlen und dass unser Mitdenken geschätzt wird.

Wer diesen Aufwand nicht scheut und seine Mitbewohner nachher in ihrem artgerechten Lebensraum beobachtet, kann eine Lebensfreude seiner Tiere spüren, die für jede Mühe entschädigt.

Katzentor – Übung macht den Meister

Um ein scheues Büsi auf das unbekannte Katzentor vorzubereiten, empfiehlt sich ein kleines gedecktes Katzenklo mit Schwenktürchen, die es zu kaufen gibt. Nicht als Klo, sondern als Übungsgegenstand. Auch hier arbeitet man mit der Neugier von Katzen. Stellt man einige Leckerbissen oder stark riechendes Essen dort hinein, lockt das jedes Büsi an. Tägliches Üben hilft, so dass es bald die Angst vor dem Klappern des Tors verliert und es auch nicht mehr so schlimm empfindet, wenn der Schwanz einmal vom Tor berührt wird. Es gewöhnt sich an die sanfte Berührung des Törchens am Rücken und bringt das auch mit etwas Positivem in Verbindung. Alternativ kann etwas Ähnliches mit einer Kartonschachtel gebastelt werden. Tierheimkatzen kennen meist bereits das Katzentor. Das ist ein weiterer positiver Punkt, ein Tier vom Tierheim zu übernehmen.

Weitere Hilfestellung bei der Vorbereitung auf den ersten Ausgang kann ein provisorischer Zaun sein (siehe Kapitel «der erste Ausgang ins Freie» «Erfahrungsbericht: Zaunbau» von Barbara Schwengeler).

Lesli und Nia sind nicht die ersten Bauernhofkatzen mit wenig Kontakt zu Menschen, die bei uns wohnen, aber es sind mit Abstand die Scheusten.
Wir haben das obere Stockwerk mit einer Gittertüre abgetrennt, so kann Merlin, unser elf Jahre alter Kater, weiter kommen und gehen, wie es ihm gefällt. Lesli und Nia ziehen also erstmal in ein Zimmer. Nach einigen Tagen dürfen sie auch das Badezimmer und das zweite Zimmer oben erkunden. Die ersten zwei Wochen ist es ziemlich ruhig, spielen mögen sie noch nicht.

Dann der erste grössere Fortschritt, Lesli frisst Hühnerschinken aus der Hand. Ein paar Tage später ist auch Nia so weit, allerdings nur aus dem Versteck. Die beiden sind nachtaktiv und toben nachts miteinander, tagsüber sind sie eher unsichtbar.

Mit den Wochen wird Lesli zutraulicher, lässt sich ab und zu streicheln, vor allem in der Küche und wenn es Futter gibt. Nia hält Abstand, ist aber interessiert daran, was im Haus läuft und Merlin finden beide einfach nur toll. Sie erkunden immer mehr das ganze Haus und finden neue Schlaf- und Spielplätze. Lesli lässt sich kaum mehr im Haus halten. Sie sitzt oft auf dem Fenstersims und ruft.

Nach sechs Wochen vernetzen wir die Terrasse, damit die beiden frische Luft haben, Geräusche und Gerüche von draussen näher kennenlernen können. Der Sommer ist gekommen, wir möchten ihn draussen mit den Katzen geniessen. Freigang ist noch kein Thema, Lesli ist zu hektisch, Nia zu zurückhaltend. Beide haben noch keine wirkliche Beziehung zu uns. Nia bleibt bei ihrem Sicherheitsabstand.

Der gesicherte erste Ausgang auf die Terrasse. (Foto Baumgartner).

Die beiden geniessen das kleine bisschen Freiheit.
Eine gute Woche später findet Lesli einen Weg, aus dem „Gefängnis“ auszubrechen. Wir suchen, rufen, warten ...
24 Stunden später ist Lesli immer noch nicht wieder im Haus. Wir haben sie zwar immer wieder im Garten gesehen, aber ins Haus kommt sie nicht. Nia war schon fast heiser, so sehr musste sie rufen.
Frau Morgenegg hat mir dann am Telefon geraten, Nia auch die Türe zu öffnen. Begeistert war ich von diesem Vorschlag nicht, ich hatte viel zu viel Angst, dass Nia einfach verschwindet und nie mehr auftaucht. Trotzdem hat es uns natürlich eingeleuchtet. Und es hat funktioniert.

Nia ist toll. Sie ist ganz vorsichtig aus dem Haus, hat ein Geräusch gehört, welches sie erschreckt hat und ist sofort wieder zurück ins Haus. Kurz darauf dann der nächste Versuch. Sie hat sich draussen auf die Treppe gesetzt und gerufen und es dauerte keine fünf Minuten, bis Lesli und Nia sich gefunden hatten.

Es läuft besser als erwartet. Beide Katzen haben das Haus als ihr Zuhause anerkannt und kommen immer wieder nach Hause. Die ersten drei Tage waren sie für meinen Geschmack viel zu viel draussen und haben sich zu wenig erholt, das sah man gut an den müden Augen. Seit gestern sind sie wieder mehr im Haus und schlafen auch mal hier. Von der Traumsituation „Katzen sind nachts im Haus“ sind wir noch ein bisschen weg. Die Kamera, die wir aufgestellt haben, sagt aber, dass die beiden nachts doch mehrheitlich im Haus geschlafen haben.

Es funktioniert immer besser. Lesli kommt manchmal schon angetrabt, wenn wir sie rufen, will immer häufiger gestreichelt werden Und Nia macht meinem Mann ein ganz grosses Geschenk: er darf sie das erste Mal streicheln, so ganz richtig streicheln, und dies nicht nur einmal. Beim zweiten Mal hält sie sogar ihr Bäuchlein hin und schnurrt.

Irene Baumgartner, 8335 Hittnau

Keine Angst vor dem Transportkorb

Den Transportbehälter bei der Planung des Katzenzimmers mit einzubeziehen hat viele Vorteile.

Vielleicht wird bereits in der Zeit, bevor man das ganze Vertrauen der Katze gewonnen hat, ein Tierarztbesuch nötig. Oder man möchte den Prozess der Sozialisierung zum Menschen sanft beschleunigen. Für beides ist es von Vorteil, wenn man die Handhabung mit einem Katzenkorb übt.

Stressfrei in den Katzenkorb – auch das ist möglich

Man nimmt einen stabilen Transportkorb mit je einer Öffnung vorne und oben und legt ein lichtundurchlässiges Tuch über den ganzen Korb, so dass nur noch die Hälfte der vorderen Öffnung unbedeckt ist. Das Tor vorne ist dabei geöffnet.

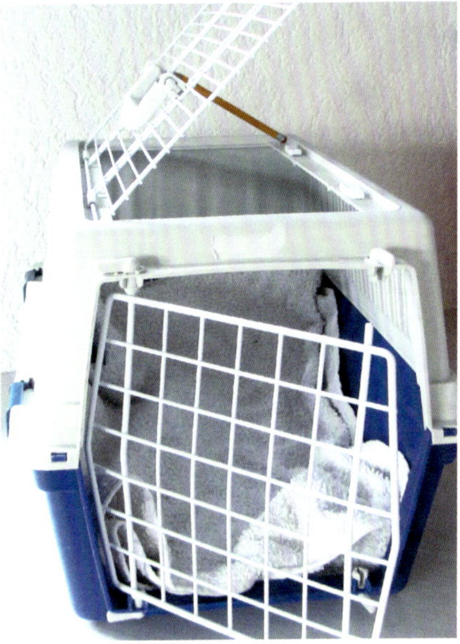

Transportkorb mit Öffnung vorne und oben …

Es geht nun erst einmal darum, das neue Familienmitglied mit diesem Korb als Unterschlupf vertraut zu machen. Die Katze wird dann über einige Tage oder Wochen im Korb gefüttert, indem man regelmässig Leckerbissen oder gleich die Hauptmahlzeit darin platziert. Auch Duftstoffe wie Katzenminze, Baldrian, Pet Remedy etc. können einen zusätzlichen Anreiz geben, diesen Ort aufzusuchen.

Eines Tages, wenn das Tier im Korb am Essen ist, kann man vorsichtig von hinten kommend das Gittertürchen schliessen. Man öffnet den Deckel – der immer noch unter dem Abdecktuch liegt – einen Spalt, um dem Büsi ein bereits vertrautes feines Streicheltuch über den Körper zu legen. Ist das ganze Tier und vor allem der Kopf zugedeckt, kann man langsam das gros-

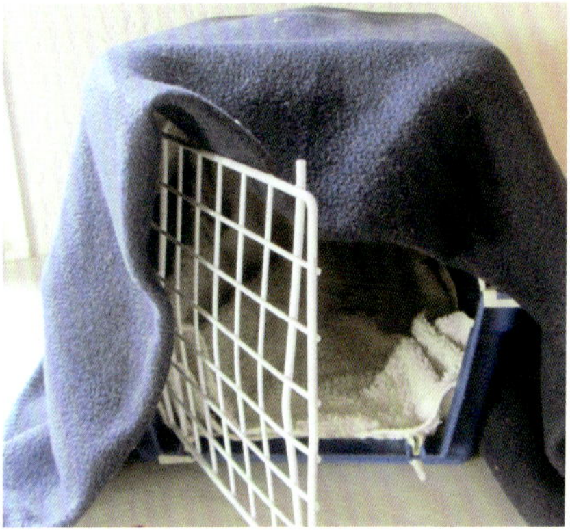

… darüber eine lichtundurchlässige Decke bis Mitte der Öffnung.

Sprechen Sie immer mit sanfter und leiser Stimme mit Ihrem Liebling und erklären Sie ihm jeweils Ihre Absichten. Sie werden nach einiger Zeit fühlen, wie er sich langsam entspannt.

se Tuch über dem Korb wegziehen und durch die obere Öffnung sachte mit Streicheln beginnen. Der Deckel sollte dabei immer nur einen kleinen Spalt für den Arm offen sein. Mit der anderen Hand sichert man den Deckel.

Viele Tierbesitzer scheuen vor dieser Übung zurück und äussern Bedenken, ihre Katze könnte durch diese „erzwungene Annäherung" erschrecken und damit der Prozess des Vertrauensaufbaus negativ beeinflusst werden. Tatsächlich ist es so, dass wir aber genau das Gegenteil hören und ein Tier nach dieser Streichelsitzung seinen Panzer plötzlich fallen lässt. Wichtig ist, dass man immer mental oder mit ruhiger Stimme das Vorhaben erklärt.

Tierarzt-Besuch

Steht ein Tierarztbesuch an, verschiebt man die Streichelprozedur besser, damit kein Missgeschick passiert und der Patient in letzter Minute entwischt. Man streichelt das Tier im Korb dann erst nach dem Besuch, bis es ruhig und entspannt ist. Auch der Katzenfreund sollte in diesem Moment ruhig sein, sonst wird es nicht zum erhofften Ziel führen.

Am besten versucht man, einen spontanen Besuch in der Tierarztpraxis zu vereinbaren, mit der Erklärung, dass es sich um eine scheue Katze handle. Beim Termin sollte man das feine Tuch ebenfalls als Hilfsmittel einsetzen, damit der Tierarzt das Tier nicht in einen Zwangskorb steckt. Ein Entfliehen in der Praxis wäre bei scheuen Katzen fatal.

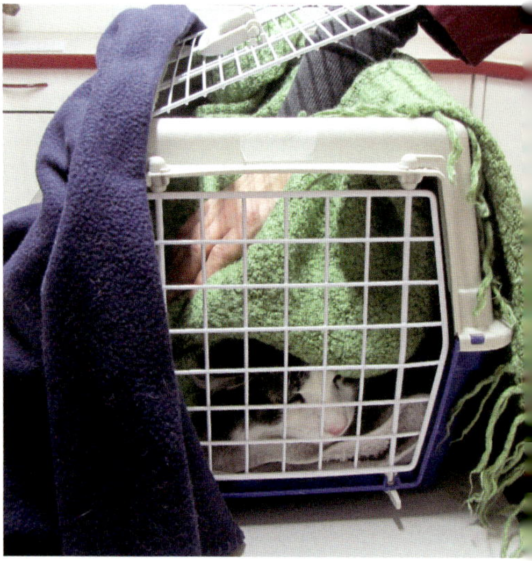

Man legt ein feines Kuscheltuch über die Katze.

Am besten wendet man sich an einen ruhigen Tierarzt, der Erfahrung mit scheuen Tierschutz-Katzen hat. Er wird dafür Verständnis aufbringen.

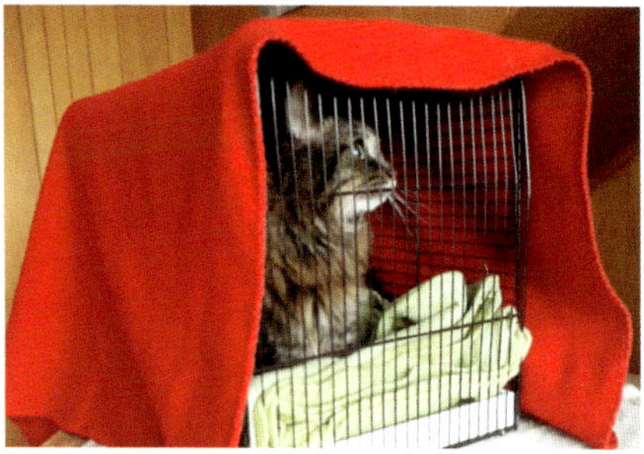

Schützende Decken für offene Körbe sind unerlässlich.

Ein Transport in einem Gitter-Korb ist für die meisten Katzen mit grossem Stress verbunden, auch wenn sie nicht so scheu sind. Sie fühlen sich ausgestellt und schutzlos. Ein schützendes Tuch darüber ist in jedem Fall zu empfehlen, um ihnen ein bisschen Geborgenheit zu vermitteln.

1.12. Grüezi Frau Morgenegg
Die beiden Tessiner Girls sind noch ziemlich scheu. Alles weitere wird sich entwickeln, wir haben Zeit und Geduld. Vor mir haben sie keine grosse Angst mehr. Sie bleiben sitzen, wenn ich einen Meter neben ihnen durchlaufe und steigen auch sofort ein beim Spielen. Würden Sie einfach mit ihnen spielen und sie selber kommen lassen? Um sie anzufassen, müssen wir sie fangen und das ist irgendwie nicht toll.

27.4. Es bangte mir schon, weil sie bald zum Tierarzt mussten. Ob wir das wohl schaffen und wir keinen Rückschritt machen? Das habe ich mich mehrmals gefragt. Doch genau das Gegenteil war der Fall.
An dem Tag als ich sie vom Tierarzt abholte, hat die kleinere, Shyla, erkannt, dass sie nun wirklich ein Zuhause hat. Sie ist mir das erste Mal um die Beine gestrichen und ich konnte sie ganz vorsichtig streicheln. Qona hat sich das eine Woche lang angeschaut und dann gemerkt, dass Shyla nichts passiert, wenn wir sie anfassen und hat dann auch Mut gefasst. Das ist heute kaum mehr vorstellbar, beide Girls sind sehr anhänglich, schlafen im Bett und liegen mit uns auf der Polstergruppe. Sie gehen auch fleissig nach draussen, Mit unseren beiden anderen Katzen geht es wunderbar. Zu der älteren Lady dürfen sie nur auf 30 cm hin, haben das aber längst akzeptiert. Den 1,5-jährigen Kater lieben beide. Sie himmeln ihn total an und auch wenn er etwas grob mit ihnen spielt, finden sie ihn absolut toll. Unser Traum von vier Katzen, die sich alle verstehen und akzeptieren ist wahr geworden und wir sind happy.

Ich wünsche Ihnen viel Erfolg bei der Tiervermittlung und sende liebe Grüsse
Susanne Nater, Wolfhausen

Was für die Katze auch noch wichtig ist, damit sie sich wohl fühlt

Damit sich eine Katze rundum wohlfühlt und sich ganz als das faszinierende Wesen, das sie nun einmal ist, entfalten kann, sollte ihre Umgebung einiges mehr als die absoluten Grundbedürfnisse decken. In dieser Hinsicht sind die Tiere dem Menschen sehr ähnlich und vielleicht macht ja gerade das unsere Faszination für sie aus.

Genau wie wir haben sie eine klare Vorstellung von Hygiene und können äusserst empfindlich reagieren, wenn es ihnen zu wenig reinlich zu und her geht.

Ebenso wichtig für das Wohlergehen einer Katze ist ihre Ernährung. Eine falsche Fütterung kann schnell zu ernsten Gesundheitsproblemen führen. Wer die nachfolgenden Fakten dazu kennt, dem ist deshalb sicher wichtig, auch bei der Ernährung seiner Katze auf ihre Bedürfnisse einzugehen und auf eine katzengerechte Fütterung zu achten.

Die ausgewogene Ernährung für Katzen

In den Regalen von Supermärkten und Tierhandlungen findet man ein riesiges Angebot an Katzenfutter, und so steht einer ausgewogenen, abwechslungsreichen Ernährung für unsere Katzen nichts im Wege. Damit ist hochwertiges Nassfutter und ein qualitativ gutes Trockenfutter gemeint. Das Angebot heutzutage umfasst zahlreiche auf die verschiedenen Lebensabschnitte der Katze zugeschnittene Futter in verschiedenen Geschmacksrichtungen. Diese enthalten alle notwendigen Nährstoffe. Billige, fettreiche Futter sollten vermieden werden, weil sie dem Tier nicht bekommen. Auch Milch ist ungeeignet, weil Katzen die Laktose nicht verwerten können. Lediglich Bauernhofkatzen sind sich oft Milch gewohnt und können anfangs auf hochwertiges Futter mit Durchfall reagieren. Hier ist eine langsame Umstellung zu empfehlen.

Finden Sie heraus, welches Qualitätsfutter Ihrer Katze am besten bekommt. Vorzugsweise füttert man anfänglich das gleiche wie im Heim und stellt allenfalls allmählich um.

Trockennahrung oder Nassfutter?

Katzen sind von Natur aus reine Fleischfresser. Deshalb entspricht eine ausschliessliche Ernährung mit Trockenfutter keineswegs ihrem Naturell. Im Gegenteil, das kann sogar gesundheitsschädigend sein.

In der Natur ernähren sich Katzen von Mäusen, Vögeln, Fischen usw., welche sie inklusive Knochen und den ganzen Innereien verzehren. Das bietet ihnen einerseits eine gewisse Abwechslung und andererseits ausgewogene Nährstoffe. Daran müssen wir uns bei der Fütterung

Auch nach vier Jahren Tierheim hat Funny das Mausen noch nicht verlernt.

unserer Katzen orientieren. Einmal ganz abgesehen davon, dass auch Tiere die Abwechslung suchen, sprechen vor allem medizinische Gründe für eine ausgewogene Fütterung mit Trocken- und Nassfutter. Von einer reinen Fütterung mit Trockenfutter raten wir deshalb ab, auch wenn Ihre Katze ab und zu einen Vogel oder eine Maus jagt und frisst.

Medizinische Gründe

Erhält eine Katze nur Trockenfutter, verschmäht sie mit der Zeit das Nassfutter, was später zu Problemen führen kann. Viele Katzen können ihren hohen Flüssigkeitsbedarf mit der Aufnahme von Wasser nicht genügend decken. Das dickt ihren von Natur aus schon sehr konzentrierten Harn noch mehr ein, was die Bildung von Kristallen und Steinen begünstigt. In der Folge kann es zu Nieren- oder Blasenproblemen kommen. Insbesondere Kater sind wegen ihrer Verengung beim Penis anfälliger. Sie sollten daher grundsätzlich nur magnesiumreduziertes Futter erhalten und viel trinken. Jeder Tropfen Wasser, der den konzentrierten Harn zu verdünnen vermag, ist sehr wertvoll. Deshalb sollte unbedingt auch Nassfutter angeboten werden. Im Übrigen ist es ohne Nassfutter sehr schwierig, einem Tier Medikamente zu verabreichen, sollte dies einmal nötig werden.

Soziale Gründe

Grundsätzlich geht es beim Fressen aber noch um mehr, als nur darum ein elementares Bedürfnis zu stillen. Uns bietet die Fütterung die Gelegenheit, unsere Katze wahrzunehmen, ihr Wohlbefinden und ihren Gesundheitszustand beurteilen zu können. Frisst sie richtig oder schnüffelt sie nur? Hat sie gar Mühe beim Essen? Diese wichtigste aller Kontrollen fehlt, wenn jederzeit ein Napf mit Trockenfutter zur Verfügung steht.

Sie freut sich auf ihre regelmässigen, abwechslungsreichen Mahlzeiten, verbunden mit einigen Streicheleinheiten und kommt deshalb am Abend lieber nach Hause.

Zusammenfassend die Fakten, die gegen Trockenfutter als Alleinnahrung sprechen

Chronischer Flüssigkeitsmangel mit den Folgen von:

- Nieren- und Blasenproblemen — FUS (Felines Urologisches Syndrom).

Katzen verschmähen mit der Zeit das Nassfutter. Das bedeutet:

- Schwierigkeiten, den Tieren Medikamente über Futter zu verabreichen.

Das Essverhalten der Katze kann weniger kontrolliert/beobachtet werden.

- Zu spätes Erkennen von Unwohlsein.

Eine ausgewogene Ernährung mit einer sinnvollen Kombination von Nass- und Trockenfutter bilden die beste Basis für ein langes und gesundes Katzenleben.

Katzenklos und ihre grosse Bedeutung

Unsere Erfahrung hat gezeigt, wie wichtig das richtig platzierte Katzenklo ist.

Auch hier hilft es, wenn wir uns die Gewohnheiten einer freilebenden Katze in der Natur vor Augen halten. Sie sucht für ihr Geschäft keine Verstecke auf, sondern setzt Kot und Urin in der Regel an einen ruhigen Ort auf offenem Feld ab – immer wieder an einer neuen frischen Stelle.

Daraus können wir folgendes schliessen:

- Ein Katzenklo ist ein absolutes Muss, selbst wenn die Katze Tag und Nacht Auslauf hat. Auch einer Katze ist es manchmal zuwider, mitten in der Nacht bei Regen und Kälte das Haus zu verlassen.
- Das Katzenklo soll immer peinlich sauber sein. Kot und Urin sind mehrmals täglich zu entfernen. Auch wir benutzen kein unreines Klo, und Katzennasen sind einiges empfindlicher als unsere.
- Idealerweise ist eine Katzentoilette mehr vorhanden, als die Anzahl Katzen. Einige Tiere sind sehr heikel und wollen ihr eigenes Klo. Viele trennen Urin und Kot. Ausserdem soll immer ein sauberes Kistchen vorhanden sein.
- Die Katzentoiletten sollten an einem ungestörten ruhigen Ort in der Nähe stehen, aber nicht ausserhalb der Wohnung, im Keller, auf dem Balkon usw. und nicht nebeneinander. Insbesondere scheue Katze sollten unbehelligt von Artgenossen und Menschen aufs Kistchen gehen können.
- Das Katzenklo soll offen zugänglich sein. Katzen wollen nicht irgendwo unterschlüpfen oder einen Deckel über dem Kopf haben, um sich zu versäubern. Das entspricht nicht ihrer Art.
- Passende Einstreu ist ebenfalls wichtig. Katzen haben empfindliche Pfoten und bevorzugen feine geruchsneutrale Einstreu, idealerweise in einer grossen Kiste mit mindestens 10 cm Einstreu.

Weitere häufige Gründe für Unsauberkeit finden Sie auf unserer Homepage www.nagerstation.ch.

Alte Katzen brauchen Unterstützung: Menschen verfügen über die Möglichkeit, sich über Beschwerden verbal auszudrücken. Eine Katze ist darauf angewiesen, dass Sie sich die Zeit nehmen, zu beobachten und zu spüren, was ihr fehlt.

- Alternde Katzen können sich oftmals nicht mehr so gut bücken und urinieren waagrecht über den Kistenrand hinaus. Da gilt es, das Kistchen mit einer Schutzwand, oben offen, zu versehen und in ein Auffangbecken zu stellen (z. B. eine flache Kaninchenschale, Landi).

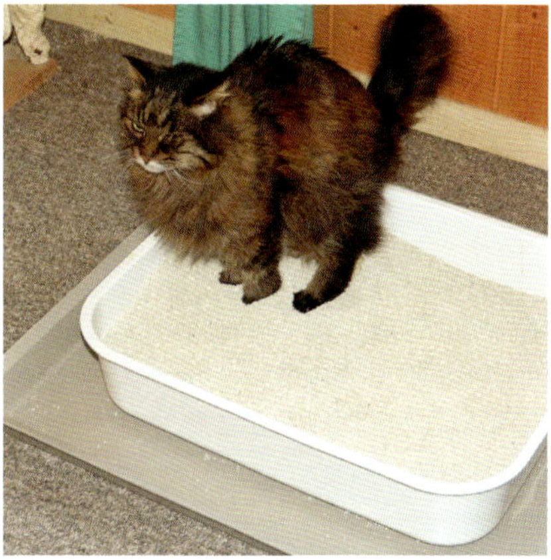

Flache Schalen als Auffangbecken ein wertvolles Hilfsmittel bei alternden Katzen.

- Achten Sie bei alten Katzen darauf, dass der Kistenrand nicht zu hoch ist oder eine Einstiegshilfe existiert.
- Alte Katzen haben oft Mühe durchs Katzentor zu schlüpfen und schätzen es, dass man ihnen die Türe öffnet, wenn sie sich versäubern wollen. Aber auch drinnen müssen sie jederzeit die Möglichkeit haben, ihr Klo bequem aufzusuchen.

Wenn Katzen in die Wohnung urinieren oder koten

Uriniert eine Katze in die Wohnung, schliesst die menschliche Denkweise in der Regel sofort auf Protestharnen oder eine Verhaltensstörung. Diese simplen Theorien werden der Situation aber nicht gerecht und sind ausserdem längst widerlegt.

Katzen sind sehr saubere Tiere und es ist ihnen äusserst peinlich, wenn ihnen nichts anderes übrigbleibt, als in ihrem Unbehagen auf diese unangenehme, aber arttypische Weise Ausdruck zu verleihen. Zudem könnten in solchen Fällen auch organische Probleme eine Rolle spielen.

Das Allerwichtigste:

Egal, was passiert, bestrafen Sie niemals eine Katze, die Sie beim „Markieren" erwischen. Das würde sie nur zusätzlich verunsichern und das Problem verschlimmern. Deshalb bitte keine Gewalt – sondern Köpfchen!

Sollten Sie gar nicht weiterkommen, scheuen Sie den Gang zum Tierpsychologen nicht. Oft liegt die Lösung sehr nahe und eine Fachperson kann Ihnen beratend und unterstützend zur Seite stehen.

Katzen beabsichtigen niemals, ihren Menschen zu ärgern. Wenn man sie sonst nicht versteht, bleibt ihnen keine andere Verständigungsmöglichkeit übrig. Urinieren ist meist nichts anderes als ein Hilfeschrei.

Es kann nicht genug betont werden, dass die Tiere dies niemals zum Spass, aus Protest oder anderen eher menschlichen Gründen tun würden. Es geschieht immer aus einer Stresssituation heraus. Ausgelöst werden solche Situationen manchmal durch allerkleinste Details, die uns Tierhaltern gar nicht auffallen.

Gut zu wissen:

Katzen aus dem Tierheim sind bereits ans Klo gewöhnt. Kein seriöses Tierheim würde eine unsaubere Katze platzieren. Erfüllt man die wichtigsten Punkte, wird sie auch sauber bleiben. Nimmt man Katzen vom Bauernhof, kann eine solche Angewöhnungsphase längere Zeit dauern und meist auch etwas Nerven kosten.

Das mag die Katze sehr

Zimmerbrunnen: Katzen mögen es aus einem Zimmerbrunnen zu trinken. Ausreichende Flüssigkeitsaufnahme ist für ihre Gesundheit elementar. Fliessendes Wasser animiert sie zum Trinken. Die Anschaffung einer solchen Quelle ist ein willkommenes und sinnvolles Geschenk für Ihren Liebling.

Musikdose: RelaxoPet ist eine kleine Musikdose, die auf den sensiblen Hörsinn der Katze abgestimmt ist und mit Mantras die Tiere sehr beruhigt, eine weitere wertvolle Hilfe für eine scheue Katze.

Liebes Team
Nun ist es ein Jahr her, seit Sira bei uns eingezogen ist. Ich möchte mich heute für Ihre Unterstützung ganz herzlich bedanken. Nachdem ich Sira bei Ihnen abgeholt habe und sie tagelang überall uriniert hatte, nur nicht im Kistchen, war ich total verzweifelt. Ich wollte ihr unbedingt die Zeit geben, die sie benötigte, bin aber schon recht an meine Grenzen gestossen.
Nach unserem Kontakt und den Ratschlägen im Merkblatt, habe ich einiges verändert, unter anderem den Deckel von dem Closett abgenommen. Siehe da, von einem Tag auf den anderen geht Sira immer auf das Closett. Ich frage mich heute noch, wieso solche Dinger verkauft werden. Wie vielen Tieren damit Unrecht getan wird.
Sie ist ein Traum von einer Katze. Verspielt, temperamentvoll, freiheitsliebend, verschmust und hat einfach einen unglaublich wundervollen Charakter. Ich bin mir sicher, Sira ist genauso happy wie wir, dass wir uns finden durften.

Ganz herzlichen Dank noch einmal an dieser Stelle.
Liebe Grüsse Salome Huber, Krauchthal

Der Zimmerbrunnen ist sehr beliebt und gut für die Gesundheit.

PENNI 5 JAHRE IM TIERHEIM

PENNI IM NEUEN ZUHAUSE

Foto: Spinner/Exer

Weshalb ein Katzentor?

Erfreulicherweise ist sich ein Grossteil der Tierhalter heutzutage bewusst, dass ein Katzentor ein absolutes Muss ist. Die Zeiten haben sich geändert; es benötigt dringend ein Umdenken aller Katzenhalter. Aufgrund der enorm grossen Katzenpopulation und einer je länger je mehr verdichteten Bauweise lauern heutzutage unzählige Gefahren auf unsere Samtpfoten. Sie finden nicht mehr den Freiraum, den sie eigentlich bräuchten. Sie deswegen gar nicht ins Freie zu lassen, kommt allerdings auf keinen Fall in Frage. Das entspräche keiner artgerechten Haltung.

Katzentor als Fluchtweg

Vielmehr geht es darum, den Katzen ihren Auslauf und die damit verbundene, notwendige Freiheit so zu ermöglichen, dass ein Rückzug an ihren Zufluchtsort jederzeit gewährleistet ist. Das heisst, sie müssen allzeit durch ein gut zugängliches Katzentor ins Haus/Wohnung gelangen können. Denn wenn sie immer die Möglichkeit haben, sich in ihre schützende Behausung zurückzuziehen, sind sie deutlich weniger Gefahren ausgesetzt. Sie sind draussen dann auch sicherer und mutiger unterwegs.

Fehlt ein Katzentor, fehlt auch der vielleicht einmal dringend nötige Fluchtweg. Dann kann es vorkommen, dass ein Tier sich weit von seiner angestammten Umgebung wegjagen lässt und im schlimmsten Fall nicht mehr zurückfindet. Man sollte auch wissen, dass Katzen laut Studien von Katzenpsychologen und Ethologen – zusätzlich zu ihren längeren Streifzügen – mehrmals täglich nur für einige Minuten ins Freie gehen. Sie spazieren oft nur kurz rund ums Haus um alles abzuschnuppern und darauf gleich wieder in die warme Stube zurückzukehren.

Der ebenerdige wichtige Zufluchtsort für unseren vierbeinigen Hausbewohner.

Sobald sie realisiert haben, dass sie zu Hause zuweilen vor geschlossenen Türen stehen, dehnen sie automatisch ihre Streifzüge aus. So sind sie einerseits unnötigen Gefahren ausgesetzt und werden andererseits vielleicht zu „Streunern“. Letzteres führt heutzutage öfters zu Streitereien unter Nachbarn. Zudem ist die Kontrolle über die Tiere nicht mehr gewährleistet, sobald sie erst eine neue Futterstelle oder ein neues bzw. „zweites“ Daheim bei freundlichen Nachbarn gefunden haben. Wir bemerken zu spät, wenn sie nicht mehr fressen, krank oder verletzt sind.

Katzen, die auf der Flucht, verletzt oder auch einfach von einem grösseren Streifzug erschöpft sind und nicht gleich ins Haus können, dehnen ihre Runde gezwungenermassen aus und sind so doppelt gefährdet. Ein verletztes Büsi, das sich irgendwo behelfsmässig verkriecht, wird schnell zur willkommenen Beute für den Fuchs.

Immer wieder melden sich auch auf unserem Beratungstelefon von Katzen gestörte Nachbarn, die kein Verständnis aufbringen, dass das Katzentor keine gesetzliche Pflicht für Katzenhalter ist. Wir können nur an die Vernunft der Tierhalter appellieren.

„Normalerweise zu Hause” ist zu wenig

Es genügt nicht, wenn jederzeit jemand zu Hause ist. So wie jedes mündige Familienmitglied einen Schlüssel erhält, sollte auch unser vierbeiniger Mitbewohner immer ohne Hilfe ins Haus hereinkönnen. Es ist illusorisch zu denken, man lasse der Katze immer ein Fenster oder eine Türe offen. Die kalten Monate sind zu lang und offene Fenster und Türen stellen eine unnötige Einladung für Einbrecher dar.

Sich jederzeit in das vertraute sichere Heim flüchten zu können, ist ein Grundbedürfnis einer domestizierten Katze. Aus diesem Grund sieht der Vertrag eines Tierheims normalerweise das Vorhandensein eines Katzentors als feste Verpflichtung vor.

Zur Verdeutlichung einige Situationen, weshalb das Zuhause immer zugänglich sein muss:

- *Unfall*
  Viele Katzen schleppen sich nach einem Unfall nach Hause. Sie suchen Hilfe bei einer vertrauten Person. Verletzt werden sie draussen schnell Opfer eines Fuchses.
- *Flucht*
  Vor einer bedrohlichen Katze, einem gefährlich wirkenden Hund oder einer sonstigen Gefahr flüchtet eine Katze unverzüglich in ihr schützendes Zuhause. Sie wird in ihrer Panik nicht warten, bis man ihr öffnet, sondern einen anderen Zufluchtsort suchen, was meistens mit weiteren Gefahren verbunden ist.
- *Abwesenheit oder nachts*
  Ist man einmal ausser Haus oder der Schützling hat sich abends „verspätet“, muss er längere Zeit unfreiwillig draussen verbringen. Solche Katzen wagen sich immer weiter weg und verschwinden nicht selten spurlos.

Kontrollierter Ausgang – auch mit Katzentor möglich

Auch mit Katzentor geht die Kontrolle über den Freigang unserer Katze nicht verloren. Deshalb haben diese Törchen verschiedene Einstellungen. Zum Beispiel: gegen innen offen, gegen aussen geschlossen. Mit dieser Einstellung ist ein beaufsichtigter Ausgang möglich.

So kann die Katze jederzeit – das ist das Allerwichtigste – heimkommen. Für die Nacht ist diese Position ohnehin zu empfehlen, damit sie drinbleibt. Denn nachts passieren die meisten Unfälle mit Katzen (siehe Kapitel «der erste Ausgang ins Freie, Nachts – von Vorteil im Haus»).

Argumente gegen Katzentore dürfen nicht schwerer wiegen als das Wohlbefinden unserer Schützlinge

Oft hört man von Katzenhaltern, dass sie kein Katzentor einbauen wollen, weil sie keine Beute ihres Tiers im Haus antreffen wollen. Doch eine artgerechte Haltung schliesst die Berücksichtigung aller typischen Verhaltensweisen unseres Tiers mit ein. Die Katze ist nun einmal von Natur aus eine Jägerin. Dessen sollte sich ein künftiger Katzenhalter bewusst sein, mit allen Konsequenzen.

Gut zu wissen ist aber auch, dass die meisten Katzen die „Zeichen ihrer Zuneigung“ – und nichts anderes sind die Mäuse, Blindschleichen oder Vögel, die sie uns nach Hause bringen – vor dem Haus deponieren. Es ist eher selten, dass sie diese durchs Katzentor ins Haus schleppen. Das Risiko, dass man auch einmal eines dieser „Geschenke“ in der Stube findet, ist eher klein.

Eine Frage der Wertschätzung

Das Katzentor ist eine geniale Erfindung und bringt für Mensch und Tier nicht nur Pflicht, sondern eine grosse Erleichterung. Mittlerweile gibt es auch dichte und einbruchsichere Katzentore (https://www.petwalk.ch/), sowie solche für ein Minergie-Haus und mit Chiperkennung. So kann verhindert werden, dass fremde Katzen hereinkommen. Im Handel sind aber auch ganz einfache und kostengünstige Tore erhältlich.

Luxusvariante – automatisches Katzentor (Foto Steck)

Achtung: Mieter benötigen für den Einbau eines Katzentors die Einwilligung des Vermieters.

Aus unserer langjährigen eigenen Erfahrung und jener von unzähligen Katzenhaltern wissen wir, dass das Katzentor eine zentrale Rolle in der Beziehung zu den Tieren spielt. Wer sich dieser Bedeutung für seinen Vierbeiner bewusst ist, wird den kleinen Aufwand für den Einbau nicht scheuen.

Eine Katze ist ein Familienmitglied und erhält mit dem Katzentor ihren eigenen „Hausschlüssel". Im Gegensatz zu anderen Haustieren braucht sie selbstständigen Freigang und sollte immer die Möglichkeit haben ins Haus zurückzukommen. Nicht zuletzt ist es auch ein Zeichen der Wertschätzung gegenüber unserem Mitbewohner.

So, wieder mal Zeit für einen kurzen Lagebericht. Memphis entwickelt sich prächtig, von Tag zu Tag findet er ein Stück Lebensfreude wieder. Und es ist immer wieder rührend zu sehen, wie sehr er seine beiden Mitbüsis liebt. Die drei verstehen sich wirklich wunderbar. Sie sind gut für seine Seelenheilung.

In diesem Sommer hat er nun endgültig seine Liebe nach draussen entdeckt. Das Katzentürchen kapiert er aber partout nicht und benutzte es bisher nur, wenn es mit einem Magnet hochgeklappt war. Jetzt kommt die kalte Jahreszeit, dann ist das nicht mehr möglich. Daher haben wir ihm nun ein ganz exklusives „Geschenk" gemacht: eine vollautomatische PetWalk Katzentüre (s. Bild), die mit Bewegungsmelder funktioniert. Die Tiere müssen nur darauf zugehen, und siehe da, die Türe öffnet sich von selbst wie bei Sesam öffne dich. Die Dinger sind zwar sündteuer, aber wirklich genial. Und Memphis freut sich und geniesst seine neue Freiheit in vollen Zügen.

Streicheln lässt er sich immer noch ausschliesslich von uns, aber er duldet andere Menschen in seiner Nähe. Im Sommer war er meist draussen, und da hat die Schmuserei etwas darunter gelitten. Aber nun holt er alles nach und ist teilweise extrem liebesbedürftig. Nach wie vor müssen jedoch seine Beine am Boden sein - aufheben und festhalten lässt er sich nach wie vor nicht. Aber wie auch immer, wir sind glücklich mit ihm und er ist glücklich mit uns.

Es ist eine wirklich dankbare Aufgabe, einem solchen Tier die Lebensfreude und das Vertrauen zurückzugeben.

Liebe Grüsse, bis zum nächsten Mal
Ruth Steck, Rikon

Zusammenführung von Katzen

Ein grosser Vorteil von scheuen Katzen ist ihre Anpassungsfähigkeit. Sie sind in einem Verbund von Artgenossen aufgewachsen und sehr sozial untereinander. Auch deshalb sind sie ganz besonders auf sie angewiesen. Weil sie sich anfänglich fast ausnahmslos im Hintergrund halten, stellen sie bei der Zusammenführung mit alteingesessenen Tieren auch keine grosse Konkurrenz dar.

Doch haben Sie bereits Samtpfoten in Ihrem Haushalt, werden diese wahrscheinlich am Anfang nicht sehr erfreut sein über den Eindringling. Einige Regeln sind dabei zu beachten. Eine der wichtigsten ist auch hier, den Tieren genügend Zeit zu lassen, denn es ist kein einfacher Prozess für alle Beteiligten.

Was man im Vorfeld wissen sollte

Bei der Vergesellschaftung von Katzen spielt die Einstellung des Tierfreunds eine zentrale Rolle. Darüber muss er sich im Vorfeld im Klaren sein. Zweifelt er daran, die eventuell anfallenden Schwierigkeiten bewältigen zu können, soll er aus Tierliebe auf eine neue Katze, insbesondere auf eine scheue, verzichten. Muss der Versuch nach wenigen Tagen oder Wochen abgebrochen werden, entstehen für Katze und Halter Stress und Frustration, und sie verliert erneut das eventuell schon gewonnene Vertrauen in den Menschen.

Eine Neuanpassung braucht Mut und eine gute Vorbereitung – nicht zuletzt mental, aber auch die Bereitschaft, die anfänglich etwas angespannte Zeit in Kauf zu nehmen und die Tiere nur mit positivem Denken und Handeln zu unterstützen, ohne einzugreifen.

Theorien wie „Katzen sind einander freundlich gesonnen oder nicht“ oder „entweder funktioniert es von Anfang an oder gar nie“ kann ich nicht unterstützen. Durch meine vielseitige Erfahrung bei der Zusammenführung von Katzen wurde mir immer wieder gezeigt, dass Menschen leider oft zu wenig geduldig sind. Liebe auf den ersten Blick bildet auch bei uns Menschen die Ausnahme und nicht die Regel. Doch oft entsteht gerade bei langsam wachsenden Freundschaften eine tiefe Beziehung, die ein Leben lang hält.

Es gibt Katzen mit einem sehr stark ausgeprägten Sozialverhalten, was gerade bei Scheuen oft zutrifft. Da ist die Vergesellschaftung am einfachsten. Auf der anderen Seite gibt es Einzelgänger, die nach einer längeren Eingewöhnung friedlich neben einer Zweitkatze leben können, ohne zu kuscheln oder deren Nähe zu suchen. Am schwierigsten ist die Vergesellschaftung mit einer Katze, die in jungen Jahren zu einer Einzelkatze gemacht wurde.

Die verbreitete Annahme, dass die Anpassung mit einem Jungtier leichter fällt, entspricht nicht unserer Erfahrung. Im jugendlichen Alter ist zudem der Charakter noch nicht voll ersichtlich, und nicht selten ist ein älteres Tier mit einem Jungtier als Partner masslos überfordert. Wird trotzdem eine junge Katze gewünscht, rate

Scheue Katzen fühlen sich nur in Gesellschaft von Artgenossen so richtig wohl.

ich dazu, gleich zwei junge aufzunehmen. So werden sie in ihrem natürlichen Verhalten, wie beispielsweise dem grossen Spieltrieb, nicht eingeschränkt, und das ältere Tier kann erst einmal ungestört aus einer gewissen Distanz zuschauen. Bei der Wahl der Tiere sollte man auf die Erfahrung der Tierheimleitung vertrauen, die ihre Schützlinge gut kennt und deren Charakter genau einschätzen kann.

So gelingt die Zusammenführung am besten

Der neue Hausbewohner wird nach dem Stress der Reise erst einmal in sein vorbereitetes Zimmer (siehe Kapitel «Eingewöhnungshilfe») einquartiert. Was er jetzt braucht, ist vor allem Ruhe. Die Türe wird erst nach mehreren Tagen geöffnet, je nach Schüchternheit der Tiere. Das verunsicherte Tier soll die Chance erhalten, sich in seinem Zimmer zuerst wohl und geborgen zu fühlen, bevor es die nächsten Herausforderungen bestehen muss.

Vermeiden Sie es, den Korb mit dem neuen Familienmitglied vor Ihre alteingesessenen Tiere zu stellen. Erst wenn er leer ist, darf und soll er beschnuppert werden. Man sollte ein Tier auch nicht auf den Arm nehmen, um es so dem anderen vorzustellen. Das entspricht nicht einer natürlichen Begegnung zwischen Katzen und bedeutet puren Stress.

Ein sehr guter Entscheid ist es, gleichzeitig zwei scheue Katzen aufzunehmen und eine Gittertüre zu installieren, welche anfangs die Neuen von den Alteingesessenen trennt. Das macht die Anpassung um einiges einfacher. So können die beiden Neuen etwas länger in ihrem geschützten Raum bleiben, während die heimischen Tiere sich normal bewegen und auch weiterhin ins Freie können. Aber auch mit nur einem Neuling ist die Gittertüre ideal, damit er nicht isoliert ist. Die Tiere können sich zu Beginn in sicherer Distanz sehen und riechen, um erst einmal die Körpersprache des anderen in aller Ruhe wahrzunehmen und kennenzulernen.

Ein Fauchen oder Knurren des einen oder anderen Tiers kann anfangs dazugehören und ist völlig normal. Es entspricht dem natürlichen Verhalten und darf nicht generell als negativ bewertet werden. Sie signalisieren damit „bis hier und nicht weiter", weil sie Zeit brauchen für die Anpassung. Deshalb können wir gelassen zuschauen. Katzen kennen keinen unbegründeten Hass. Die Einmischung des Menschen, sei es auch nur ein Schimpfen, ist mit Bestimmtheit kontraproduktiv. Katzen machen das viel natürlicher und unkomplizierter untereinander aus, manchmal eben auch nicht allzu zimperlich. Ganz und gar harmonische Zusammenführungen sind die Ausnahme, so sehr sich der Mensch dies auch wünschen mag.

Die Gittertüre ermöglicht eine sanfte Vergesellschaftung.

Unterstützende Massnahmen

Tauschen Sie die Decken der beiden Parteien häufig, so nehmen sie den Geruch voneinander auf.

Ratsam ist, die Türe für eine erste Begegnung nachts zu öffnen, wenn wir schlafen gehen. So können sich die Tiere ohne unser Eingreifen in ihrem eigenen Tempo annähern. Unsere Anspannung, die in dieser Situation völlig natürlich ist und sich auf die Tiere übertragen würde, fällt so weg. Videoaufnahmen aus unserem Katzenzimmer zeigen, dass sich die zwei Parteien oft über längere Zeit aus einem gewissen Abstand beschnuppern und mit den Augen kommunizieren.

Das Katzentor sollte so eingestellt werden, dass der Neuling auf keinen Fall zu früh nach draussen kann, die Alteingesessenen aber jederzeit hereinkommen können. Eine Weile lang werden letztere durch die Haustüre ins Freie gelassen, wenn sie hinauswollen.

Am Anfang haben beide ihre eigenen Futternäpfe in einem grosszügigen Abstand. Später können die Behältnisse allmählich näher zueinander gestellt werden.

Die Katzenkisten (zu Beginn mindestens zwei pro Katze, später mindestens eine mehr als Katzen vorhanden sind) sollten so platziert werden, dass jedes Tier ungestört seines erreichen kann, ohne durch das Revier des anderen laufen zu müssen.

Animieren Sie Ihre Tiere zum Spielen. Das verbindet und wirkt entspannend. Und es ist auch für uns Menschen eine Freude zuzuschauen, wie sie sich dadurch täglich ein bisschen näherkommen. Pet Remedy, ein ätherisches Öl, kann zur Unterstützung und Beruhigung verwendet werden.

Was tun, wenn die Tiere gerade aufeinander lossteuern?

Greifen Sie nicht ein, wenn das heimische Büsi auf den Neuling zusteuert, auch wenn es oft nicht immer ganz einfach ist, das auszuhalten. Ganz untätig bleiben wir trotzdem nicht, wenn die Tiere sofort aufeinander losgehen und sich ein Kampf abzeichnet. Sprechen Sie mit der angreifenden Katze – ruhig und bestimmt, weder schimpfend noch schreiend. Erzählen Sie ihr, worum es geht, was Ihre Absichten sind und erklären Sie, dass Sie ein wenig Toleranz von ihr verlangen. Geben Sie ihr aber auch zu verstehen, dass es ganz normal ist, wenn sie sich im Moment nicht sehr erfreut darüber zeigt.

Lassen Sie die alteingesessenen Tiere spüren, dass sie weiterhin von Ihnen geliebt werden und geben Sie ihnen die Aufgabe, den Neuling in die Gemeinschaft einzuführen und ihn bei der Eingewöhnung zu unterstützen. Katzen übernehmen gerne Aufgaben und sind auch stolz darauf. Loben Sie jede positive Annäherung und zeigen Sie ihnen dann Ihre ganze Bewunderung für die Rücksichtnahme.

Geben Sie den Tieren die Zeit, die sie brauchen

Aber nochmals, in erster Linie brauchen Ihre Katzen für die Angewöhnung Ruhe, Zeit und Verständnis, um gegenseitig Vertrauen aufzubauen. Bei dieser Anpassungszeit kann es sich um drei, vier, sechs oder mehr Wochen handeln. Auch wenn es länger dauert, ist das kein Grund zum Verzweifeln. Jeder lebt in seinem eigenen Tempo – geduldige Zurückhaltung ist das Allerwichtigste. Freuen sie sich an den ganz kleinen Fortschritten und loben Sie jeweils ausgiebig beide Tiere.

«Hier eine kurze Rückmeldung von all Ihren scheuen Katzen, die sich jeweils ohne irgendwelche Probleme in unsere Katzengemeinschaft eingliedern konnten.

Zum Glück konnte sich die scheue Catalin unserem Kater Cherub anschliessen, sie folgte ihm überall hin. Da Cherub bei uns im Bett schlief, kam sie immer mehr auch auf unser Bett, wenn auch nur am Fussende.
Nach drei Jahren konnte ich Catalin beim Fressen über den Rücken streicheln. Die Freude war gross. Am Anfang nur ganz sanft, nach und nach ging es immer besser. Schlussendlich wurde Catalin eine zutrauliche, verschmuste Katze. Unser Kater Cherub schlief bei mir unter der Bettdecke, also kam Catalin auch auf das Kopfkissen. Sie gewöhnte sich an, von hinten über meinen Hals zu liegen und mir ins Ohr zu schnurren. Wer hätte das gedacht? Eine so scheue Katze und dann so verschmust.

Luca können wir auch heute noch nicht streicheln, aber er hat bei uns eine Freundin gefunden. Er ist sehr viel bei Kassandra, ein richtiges Liebespärchen.

Remo ist ein sehr grosser stämmiger Kater, und wir können uns darauf verlassen, dass er unsere Katzengruppe beschützt. Vor allem mit dem Jungen und der behinderten Katze ist er sehr fürsorglich.

Wir haben auch keinen Moment bereut, unsere scheue Shy aufgenommen zu haben, sie hat uns so viel gegeben.
Wenn die behinderte Skery draussen war, mussten wir uns nie Sorgen machen, dass sie von einer fremden Katze angegriffen wurde. Sobald eine fremde Katze in Richtung Skery kam, bildeten unsere Katzen einen Schirm um sie und verjagten diese Fremdlinge.

Wir haben bei der Zusammenführung nur gute Erfahrungen mit Scheuen gemacht und sind sehr glücklich sie bei uns zu haben.

Claudia Spinner + Beat Exer, Zufikon»

Mal wieder ein Lebenszeichen aus dem Kanton Bern. Die Beiden kann man sich wirklich nicht mehr ohne einander vorstellen.

Nala hat sich auch auf mich eingestellt, ich glaube, sie hat vor Männern etwas Angst. Sie sucht zwar immer noch nicht so extrem unsere Nähe wie Babas, holt sich aber ihre Streicheleinheiten unter quietschendem und rasselndem Schnurren vor Allem bei mir ab. Wenn ich alleine im Bett liege, kommt sie manchmal sogar ins Bett oder ich kann mich an sie heran schmiegen. Sobald wir beide allerdings aus dem Bett sind, hüpfen beide Katzen sofort aufs Duvet und beginnen den Tag aneinander gekuschelt im gemeinsamen Schlaf. Babas leckt immer wieder das Köpfchen von Nala und sie hält es ihm mit geschlossenen Augen und quietschendem Schnurren immer gerne hin.

Die beiden sind wirklich ein tolles Doppelpack! Sie fühlen sich sicher und wohl und wissen, wo sie zuhause sind. Bei Nala ist Unsicherheit und Aufregung immer sehr gut zu erkennen. Bei ihr ist vor allem Geduld und Zeit gefragt. Unter Druck geht gar nichts. Ich glaube, dass sie während ihrer Prägephase einiges nicht mitbekommen hat oder sogar das eine oder andere traumatische Erlebnis erfahren musste. Umso schöner ist es halt, dass sie sich so sehr an Babas orientieren kann und die beiden aufeinander aufpassen.

Herzliche Grüsse
Nadine Monnier, Mike Hodler, Babas und Nala, Bremgarten Bern

DIANA 4 JAHRE IM TIERHEIM

DIANA IM NEUEN ZUHAUSE

Foto: Spengler

Vertrauen aufbauen

Lass mir die Zeit, die ich brauche.

Eine scheue Katze an den Menschen zu gewöhnen ist eine langwierige und nicht immer einfache Aufgabe, aber Sie werden es nicht bereuen, denn Sie gewinnen einen Freund fürs Leben.

Ich habe immer wieder die Erfahrung gemacht, dass sich Tiere mit dem Öffnen ihrer Herzen viel leichter tun, wenn sie an einem Ort angekommen sind, an dem sie sich sicher und geborgen fühlen. Dann, wenn sie spüren, dass man sie versteht und dies ein Ort ist, den sie nicht wieder werden verlassen müssen. Sie können den Aufbau dieser Beziehung positiv beeinflussen, indem Sie die Ausdrucksformen dieser feinfühligen Lebewesen verstehen lernen und versuchen auf ihr Verhalten einzugehen.

Aller Anfang ist schwer

Es ist nicht immer einfach sie zu verstehen. Es kann beispielsweise vorkommen, dass sich die Katze in den ersten Tagen streicheln lässt, aber an den folgenden Tagen zu fauchen beginnt oder gar mit der Pfote nach uns schlägt, wenn man sie sanft berühren will. Das ist nicht etwa ein Rückschritt in der Beziehung. Im Gegenteil zeugt dieses Verhalten davon, dass sie ihre anfängliche Schreckstarre ablegen konnte, um jetzt wieder Reaktionen ihrem

Empfinden anpassen zu können. Ein erster Schritt zu einer Öffnung ist damit getan.

Ausdauer und behutsames Vorgehen mit Ritualen und Übungen bilden das A und O, um scheuen Tieren zu helfen, Vertrauen zu fassen und sich in die Familienstruktur einzubinden. Das ist ein langsamer Prozess und kann Wochen, manchmal sogar Monate dauern. Scheue Katzen sind ausserdem dringend auf Artgenossen angewiesen. Es ist deshalb enorm hilfreich, wenn bereits eine andere Katze im Haus ist. Im besten Fall eine gegenüber Menschen zutrauliche und verschmuste, an der sich scheue Tiere orientieren können. Sie werden den Kameraden genau beobachten und schnell lernen, gewisse Verhaltensweisen zu übernehmen.

Gemeinsame Zeit verbringen

Um eine Beziehung zu einem scheuen Büsi aufzubauen, hilft es uns, ihm zuzuschauen und es so oft wie möglich unauffällig zu beobachten. Dazu setzt oder legt man sich regelmässig im Katzenzimmer (siehe Kapitel «Eingewöhnungshilfen») an einem bestimmten Ort auf den Fussboden. Liegen wir am Boden empfindet uns der Neuling nicht als Gefahr. Dann beginnt man mit sanfter, beruhigender Stimme mit dem Tier zu sprechen, ohne ihm direkt in die Augen zu schauen, denn das empfindet es als Bedrohung! Wenn es in unsere Richtung schaut, blinzeln wir ihm zu. Das bedeutet Freundschaft. Idealerweise finden diese Besuche vermehrt am Abend statt, weil Katzen von Natur aus abends aktiver und aufnahmefähiger sind. Wir bewegen uns nur im Zeitlupentempo in diesem Zimmer. Eine gute Idee ist

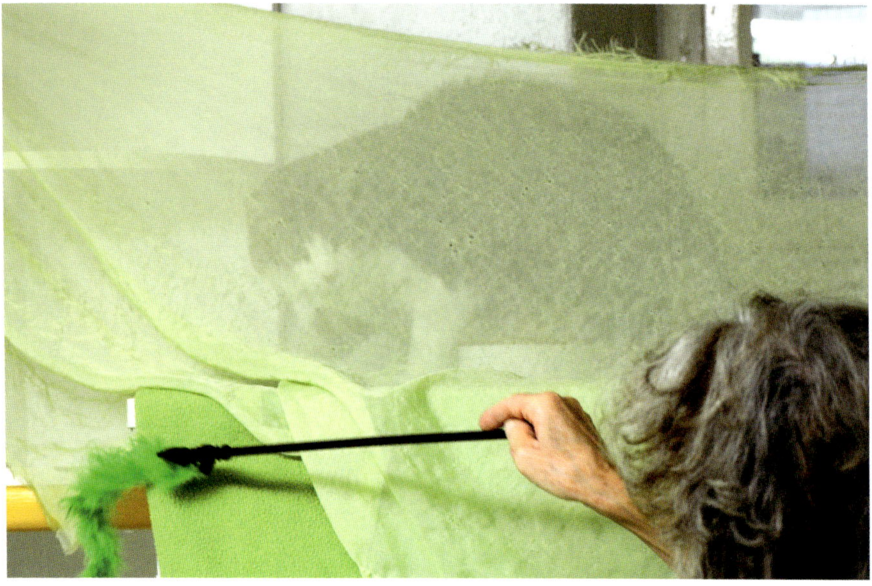

Spielen baut Ängste ab und hinter dem Vorhang ist man besonders mutig.

es, der Katze jeweils ein Buch oder eine Online-Zeitung vorzulesen. Das Rascheln einer Zeitung kann sie zu Beginn leicht erschrecken. Ein wichtiger Schritt ist getan, wenn man eines Tages Katzenhaare auf dem Platz des Vorlesers findet. Freuen Sie sich über diese kleinen und doch schon enormen Fortschritte.

Spielen verbindet und baut Ängste ab

Man versucht auch immer wieder, mit dem neuen Familienmitglied zu spielen. Es ist jedoch völlig normal, wenn eine scheue Katze die ersten Tage, vielleicht sogar Wochen noch nicht reagiert und mitspielt. Doch langsame Bewegungen – zum Beispiel unter einem Tuch – machen die Büsis neugierig. Ängstlichen Tieren muss man das Spielen in der Regel erst schmackhaft machen. Schon ein Wedeln vor den Augen kann sie erschrecken und ist somit kontraproduktiv. Viel Ruhe ist auch hier gefragt. Mit einer langen Schnur, die unter dem Teppich oder um die Ecke verschwindet (Abstand mehrere Meter) oder mit verhaltenen Bewegungen mit einem Stöckchen unter einer Decke wird sich der Erfolg bald einstellen. Auch hinter transparenten Tüchern oder Vorhängen fühlen sich Katzen besonders mutig und spielen durch diese natürliche Schranke oft überraschend ausgelassen mit dem Tierfreund.

Vertrauen gewinnen

Wenn man nach einigen Tagen das Katzenzimmer vor dem Zubettgehen einen Spalt öffnet, kann die ängstliche Katze in ihrem eigenen Tempo und in aller Ruhe auf Entdeckungsreise gehen. Immer im Wissen um ihren offenen Zufluchtsort, an dem sie sich inzwischen geborgen fühlt und der auch so beibehalten wird.

Die meisten ersten Kontakte ängstlicher Tiere zu Menschen geschehen denn auch nachts, wenn wir schlafen, weil wir dann weniger bedrohlich wirken. Und wenn man eines Tages erwacht und die Katze hat sich in der Nähe niedergelassen, hat man ihr Herz gewonnen. Wer nachts die Schlafzimmertüre nicht offen lässt und einem scheuen Tier diesen Weg der Annäherung verweigert, wird mehr Zeit benötigen, sein Vertrauen zu gewinnen.

Behutsames Berühren – drei Wege

Ähnlich wie wir Menschen sind auch Katzen Gewohnheitstiere, weil Rituale auch ihnen das Gefühl von Sicherheit vermitteln. Doch Gewohnheiten einzuführen oder zu übernehmen, braucht Zeit – viel Zeit. Es ist deshalb wichtig, die Ziele anfangs sehr niedrig zu stecken. Wer sich

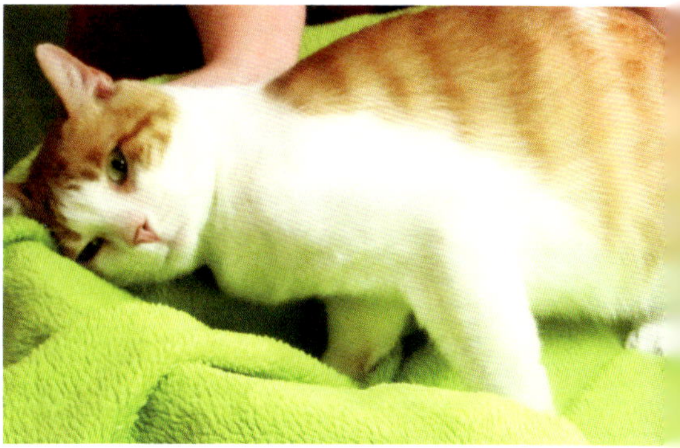

Ohne Blickkontakt kann man diese sanfte Annäherung schon richtig geniessen.

über ganz kleine Fortschritte freuen kann, wird enorme Glücksgefühle erleben.

Es geht grundsätzlich sehr lange, bis eine scheue Katze die ungewohnten Berührungen zulässt. Lassen Sie ihr diese Zeit. Sobald man bei der Katze einen Ansatz von Rückzug spürt, sollte man selber einen Schritt zurückgehen und es zu einem späteren Zeitpunkt wieder versuchen.

Trotzdem bekommt man, wenn es dann endlich soweit ist, den Eindruck, als wären diese angespannten Lebewesen selbst erleichtert, sobald sie die ersten sanften Streicheleinheiten zulassen können. Es scheint ihnen, ein ganz neues Lebensgefühl zu vermitteln. Oft ist es so, als hätte man einen Schalter umgedreht und sie könnten von diesem Moment an von unseren Zärtlichkeiten nicht mehr genug bekommen. Der steinige Weg dorthin lohnt sich, denn das zu erleben entschädigt uns für all unsere Mühe.

Variante 1
Am einfachsten nähern Sie sich ihr mit einem Stab (Stock, Gerte etc.) oder einer Geschenkpapierrolle, der man an einem Ende einen Handschuh überzieht. Darauf bieten Sie Ihrem neuen Familienmitglied behutsam Leckerbissen in kleinen Stücken, wie geräucherte Pouletbrust, Aufschnitt, Lachs, Thon oder Ähnliches an. Bei der Annäherung achtet man darauf, das Tier nicht mit den Augen zu fixieren, nur Zublinzeln ist erwünscht. Verwenden Sie immer wieder die gleichen ruhigen Worte. Idealerweise lässt man den Handschuh zuvor einige Tage an der Lieblingsschlafstelle der Katze liegen, so dass sie ihn bereits kennt und mit angenehmen Erinnerungen in Verbindung bringt. Man kann den Handschuh auch mit Duftstoffen wie z.B. Pet Remedy, Katzenminze etc. vorbereiten.

Ein verlängerter Arm für die ersten Annäherungsversuche.

Mit der Zeit kann man versuchen, die Katze mit dieser verlängerten Hand sanft zu streicheln, ohne ihr dabei zu nahe zu kommen. Zuerst über die Vorderpfoten, dann über den Kopf und langsam auch weiter hinten über den ganzen Körper. Wenn sie nach einigen Malen beginnt, das Köpfchen entgegenzustrecken, hat man einen weiteren Meilenstein geschafft.

Bald einmal kann man es wagen, mit der verlängerten Hand das Köpfchen zu streicheln und mit der anderen Hand vorsichtig das Hinterteil der Katze. Später braucht es die Verlängerung nicht mehr und man zieht sich den Handschuh direkt über die Hand. Man streichelt die Katze so lange mit dem Handschuh, bis man glaubt, dass es ihn nicht mehr braucht. Wie bei allem anderen schenkt man ihr auch hierfür alle Zeit, die sie benötigt, um sich an den Menschen und seine ungewohnte Berührung zu gewöhnen.

Ist es nicht etwas sehr Wertvolles, das Herz eines Tieres auf diese Weise Schritt für Schritt erobern zu können? Ist es nicht sogar spannender, als wenn einem ein Tier von Anfang an blind vertraut? Vielleicht schaffen Sie es sogar, dass Ihr Schützling das erste Mal an Ihrer Hand schnuppert. Gratulation! Ein grosser Schritt ist getan. Freuen Sie sich darüber!

Variante 2

Eine weitere Variante ist es, sich einen Moment zu Nutze zu machen, in dem das Büsi entspannt an einem Ort liegt. Ohne es mit den Augen zu fixieren, nähern Sie sich ihm ganz langsam, so als ob Sie etwas anderes erledigen wollten, z.B. ein daneben liegendes zutrauliches Büsi streicheln, ein Kissen verschieben oder was auch immer. Sobald man genug nah ist, fährt man im Zeitlupentempo mit den Händen unter einem feinen Tuch zur Katze und beginnt sanft, die Beinchen oder den Rücken zu streicheln. Das klappt vielleicht nicht beim ersten Mal, doch man versucht es geduldig weiter.

Eine zutrauliche Katze kann eine wertvolle Hilfe sein. Scheue Katzen fühlen sich in ihrer Gegenwart sicherer und lassen – neben ihr liegend – oft die ersten Berührungen zu.

Variante 3

Natürlich kann man auch abwarten, bis eine ängstliche Katze von sich aus auf uns zukommt. Hier ist es wichtig, bereits die ersten Signale wahrzunehmen. Wenn unser Angsthase während den Essensvorbereitungen anfängt, uns um die Beine zu streichen, ist das ein Zeichen, dass er nun langsam unseren Körperkontakt sucht, sich aber noch nicht so recht traut.

Oberhalb unserer Augenhöhe sind oft die ersten Annäherungen möglich.

Mutiger zu zweit.

Freuen wir uns an den ganz kleinen Fortschritten. Tiere können uns Menschen so viel geben, wenn wir dazu bereit sind es anzunehmen. Irgendwann werden sie die restliche Scheu ablegen. Manchmal muss man dem Lauf der Dinge einfach etwas mehr Zeit geben.

Jetzt kann und sollte man versuchen, ihm ganz sanft kurz über den hinteren Teil seines Körpers zu streicheln, während er isst. Wiederholen Sie diese kurze Berührung jedes Mal und loben Sie ihn. Ein weiterer Meilenstein ist erreicht. Es gibt aber auch Katzen die als Vorsichtsmassnahme fauchen oder das Pfötchen zum Schlag anheben – trotzdem möchten sie aber gestreichelt werden. Diese Ausdrucksweise richtig zu deuten, braucht etwas Erfahrung. Manchmal muss man auch ein wenig beherzter vorgehen, um wieder einen kleinen Schritt weiterzukommen.

Es liegt in unseren Händen, aus einem scheuen Tier eine zutrauliche Katze zu formen. Je mehr man sich mit dem Neuling beschäftigt und je häufiger man ruhig mit ihm spricht und ihn wahrnimmt, desto eher wird er eines Tages auf uns zukommen und desto enger wird die Bindung zwischen Mensch und Tier. Häufiges aufmerksames Beobachten und gute Katzenbücher helfen uns dabei, ein Sensorium für die Katze und ihre feinfühlige Seele zu entwickeln. Das spürt sie und wird sich mit der Zeit wohl fühlen. Wenn man sich genügend mit ihr beschäftigt und versucht, sich in sie hineinzuversetzen, wird sie schon bald von sich aus unsere Nähe suchen.

Wenn man geduldig vorgeht und sich nicht aus der Ruhe bringen und entmutigen lässt, wird man eines Tages für alle Mühe reichlich belohnt. Diese Tiere können, wenn wir es zulassen, wertvolle Begleiter sein auf unserem Weg.

Wichtige Punkte damit das Beziehungsband wachsen kann:
- Geduld ist das oberste Gebot; die Zurückhaltung scheuer Tiere nie persönlich nehmen
- Oft und ruhig beobachten (kein Lärm, keine Hektik, mit halb geschlossenen Augen, kein direkter Blick in die Augen)
- Gewohnheiten aufbauen (regelmässige Besuche im Katzenzimmer, Mittagsschlaf, vorlesen, spielen)
- Begegnung „auf Augenhöhe“ (erhöhte Liegeplätze, auf Boden sitzen oder liegen)
- Respekt (Abstand halten, nicht direkt auf die Katze zugehen, Verfolgungsjagden vermeiden)
- Keine Erwartungen (Ziele niedrig stecken, sich an kleinen Fortschritten freuen, loben!)
- Duftstoffe wie z.B. Pet Remedy können unterstützend wirken
- Mindestens ein Artgenosse sollte vorhanden sein, mit Vorteil ein gegenüber Menschen sehr zutraulicher.

Beachtet man alle diese Punkte, so wird auch das Ihnen anvertraute neue Familienmitglied die Möglichkeit haben seine traurigen Erfahrungen zu vergessen und umzuwandeln in positive Kräfte.

Die Tiere sind uns anvertraut. Es ist unsere Aufgabe sie zu verstehen, für sie zu sorgen, mit ihnen zu leben, ihnen zu danken für ihre spezifische Art der Zuneigung und sie zu fördern in ihren Fähigkeiten.

Umgekehrt beziehen auch wir täglich so viel Freude und Energie aus unserer Tierwelt. Wir bekommen unheimlich viel Schönes, Interessantes und Berührendes zu sehen, es ist ein grosses Glück, mit Tieren zusammen zu sein.

Video

Tipp: Wer mehr über das Verhalten von Katzen erfahren will, sollte sich das Video über den Logi Circle anschauen.

Die Videokamera ist ganz einfach zu installieren und zu bedienen. Es ist nicht nur sehr amüsant und erstaunlich, was man da zu sehen bekommt, sondern vor allem auch äusserst lehrreich. Die Tierwelt bringt uns immer wieder zum Staunen.

Fühlen sich scheue Katzen unbeobachtet, dann sieht man Erstaunliches.

Am Tag zuvor hatte ich Ella auf der Webseite entdeckt – ein sehr scheues Büsi, welches schon fünf Jahre im Tierheim lebte, also praktisch das ganze Leben - und durch ihre Schüchternheit und Ängstlichkeit kaum vermittelbar war. Sie war versteckt in einem Schrank – hab dann versucht mit ihr Kontakt aufzunehmen und als sie angefangen hat mir zuzublinzeln, war es um mich geschehen

Da ich es nicht übers Herz brachte, mich für nur eine oder auch zwei zu entscheiden, habe ich gleich vier adoptiert. Diesen Entschluss habe ich bis heute keine Sekunde bereut.

Streicheln kann ich nach fünf Monaten alle ab und zu, Babette die 12 Jahre im Tierheim war, kann ich manchmal an den Pfoten streicheln, wenn sie auf dem Katzenbaum liegt und wenn es etwas speziell Leckeres gibt, frisst sie mir aus der Hand und leckt mir danach auch die Finger. Ella «Eins» ist unheimlich schmusebedürftig. Sie sucht immer Körperkontakt zu Babette und auch reibt sie sich auch sehr oft an den Möbeln. Ella «Zwei» hat nun auch damit angefangen, zwar nur an den Möbeln. Ella «Eins» spricht auch oft und ich antworte ihr. Mamaci ist eine ganz speziell liebe Katze, sehr geduldig, feinfühlig und sehr, sehr sanft.

Freude bereiten sie mir nach wie vor jeden einzelnen Tag. Auch wenn es sehr viel Geduld braucht, bis sie mir voll und ganz vertrauen, macht mich jeder kleinste Fortschritt sehr glücklich. Zuzusehen was aus der scheuen Ella «Eins» geworden ist, ist eine riesige Freude. Sie hat auch die grösste Entwicklung gemacht. In der Zwischenzeit ist sie die absolute Spielkönigin und hat gelernt schon fast wieder Katze zu sein. Ella «Zwei» die scheueste von allen wird noch etwas mehr Zeit benötigen.

Also ist weiterhin viel Geduld gefordert, die ich allen Vieren noch so gerne schenke, genau wie die Zeit, die sie benötigen um mir ganz zu vertrauen. Ich wünsche mir von ganzem Herzen, dass alle vier bald erleben dürfen, was es heisst, wieder richtig Katze sein zu dürfen, rausgehen zu können wann immer sie wollen, stundenlang in Mäuselöcher zu starren, an Gräsern und Blumen zu riechen, zu schnurren, zu schmusen, den Herbstblättern nachzurennen, im Schnee herum zu hüpfen, und die Freiheit nach den vielen Jahren im Tierheim wieder erleben zu dürfen.

Drei Wochen später.
In der Zwischenzeit gehen die vier Samtpfoten rein und raus wie sie wollen, und das in einer Selbstverständlichkeit, als ob sie das schon immer gemacht hätten. Zum Glück ist es hier so ländlich und ruhig, dass ich mir keine Sorgen machen muss.

Es ist eine riesige Freude allen vieren zuzuschauen und miterleben zu dürfen, wie sie sich draussen zurechtfinden, an den Sträuchern schnuppern, den Vögeln zuschauen und wie sie die Gegend auskundschaften. Sie sind überhaupt nicht ängstlich, weder drinnen noch draussen. Richtig Streicheln geht zwar immer noch nicht, ich darf sie aber, wenn sie in den durchhängenden Plätzen beim Kratzbaum liegen von unten streicheln. Das spüren sie gut, sie schauen mich dann an und fangen an es immer mehr zu geniessen. Auch wenn es Frischfleisch aus meiner Hand gibt, kann ich sie am Kinn etwas streicheln. Geduld bringt ja bekanntlich Rosen.

Susanne Senn, Hittnau

BABETTE 12 JAHRE IM TIERHEIM

BABETTE IM NEUEN ZUHAUSE

Foto: Senn

Wenn ich die Wahl habe zwischen einem mutigen, zutraulichen Büsi und einer scheuen, ängstlichen Katze, werde ich mich immer wieder für die scheue entscheiden. Sie können es immer noch schaffen einem Menschen zu vertrauen, das sehe ich bei meinen, weil sie einfach unglaublich sind in ihrem Wesen!

Wenn wir ihnen vertrauen, können sie uns ihr Vertrauen auch schenken. Scheue Tiere sind gute Lehrer für uns, sie lehren uns Achtsamkeit. Je achtsamer wir mit ihnen umgehen, desto mehr kommen sie ins Vertrauen.

Wenn wir Erwartungen an scheue Tiere haben, erreichen wir gar nichts. Deswegen ist mein Satz: Es ist wie es ist – und ich bin einverstanden. Wenn wir das berücksichtigen, dann können wir wirklich eine tiefe Verbindung mit einem scheuen Tier eingehen. Diese beginnt da, wo Worte enden.

Ich bin zum Schluss gekommen, dass ein Tier eine Seele ist – wie ich auch. Und wenn Seelen sich verbinden, dann ist da einfach nur tiefes Glück! Ich fühle mich mit meinen Katzen sehr verbunden. Es macht mich glücklich, dass ich diese Liebe habe.

Ursula Reinhard
www.katzenhuesli.ch

Der erste Ausgang ins Freie

Ich gratuliere Ihnen. Sie haben es geschafft, Ihr neues Familienmitglied einige Wochen in der Wohnung zu behalten, was bestimmt mit einigem Aufwand verbunden war. Die erste Hürde ist damit genommen, und nun folgt gleich ein sehr wichtiger weiterer Schritt.

Das Abenteuer geht weiter

Ist das Vertrauensband erst einigermassen gefestigt, geht es darum, unseren Schützling nun einen Schritt weiter in ein richtiges Katzenleben zu begleiten und diesem freiheitsliebenden Tier den Freigang nach draussen wieder zu ermöglichen. Dann erst kann es sein ganzes Naturell mit seinem unermüdlichen Tatendrang und seiner unbändigen Neugier ausleben.

Damit der erste Freigang nicht zum Horrortrip für Mensch oder Tier wird, ist eine gute Vorbereitung und die Unterstützung in der ersten Zeit enorm wichtig.

Sobald diese Verbundenheit geschaffen ist – das ist meist nach einigen Wochen der Fall, manchmal aber auch erst nach zwei, drei Monaten – können wir ganz behutsam mit dem unterstützten Freigang beginnen. Der totalen Freiheit stehen im Moment noch einige Hindernisse im Weg. Deshalb muss sich unsere Katze noch etwas gedulden, bis sie die neu gewonnene Freiheit so richtig selbstständig geniessen kann. Ältere Katzen tun sich – wie alte Menschen auch – schwerer, sich Veränderungen anzupassen, deshalb sollten wir berücksichtigen, dass diese mehr Zeit und Unterstützung brauchen. Jungtiere sind noch sehr verspielt, die Geschlechts-Hormone werden langsam aktiv, deshalb warten wir mit dem Ausgang auch bei ihnen besser etwas länger.

Hindernisse auf dem Weg zurück in die Freiheit

Eine der Hauptschwierigkeiten stellt unsere zu grosse Katzenpopulation dar. Für Neulinge gibt es da kaum Platz. Jeder muss sich erst einmal ein Revier erkämpfen. Dabei läuft er Gefahr, bei seinen ersten Ausgangsversuchen verjagt zu werden und flüchten zu müssen. Aber auch wenn er nicht auf feindlich eingestellte Katzen trifft, sind die vielen neuen Eindrücke und Gerüche sehr aufregend und ermüdend. Um die Tiere nicht zu überfordern, sollten die ersten Ausflüge ins Freie nur kurz sein.

In Panik geratene Tiere fliehen irgendwohin, wenn ihnen der Eingang noch nicht vertraut ist. Deshalb ist häufiges Üben, hinausgehen – hereinkommen, vor allem sehr wichtig. Leider schaffen sie es trotzdem manchmal nicht zurück in ihr Zuhause. Oft trauen sie sich nach einem solchen Erlebnis vor Angst kaum mehr aus ihrem Versteck heraus. Sie haben vielleicht Bisse oder andere Verletzungen erlitten, welche Schmerzen verursachen und sie ebenfalls an der Rückkehr hindern können. Leider bestätigen uns das viele Rückmeldungen.

Je scheuer eine Katze ist, desto mehr Feingefühl braucht es, um den Ausgang so zu gestalten, dass sie sich den Rückweg zutraut.

Bei manchem Tier ist der Freiheitsdrang so gross, dass es etwas wagt (z.B. hinaus durchs Katzentor), was es sich aber nicht zu wiederholen traut (wieder hinein durchs Katzentor). Deshalb braucht unser Schützling unsere Unterstützung jetzt ganz intensiv. Während in der Eingewöhnungsphase unsere Präsenz von untergeordneter Wichtigkeit war, damit sich die Katze in Ruhe eingewöhnen konnte, ist jetzt genau das Gegenteil der Fall. Am Besten legt man darum den ersten Ausgang auf ein verlängertes Wochenende oder noch besser auf die Ferien.

Gitterreste dienen als Schutz, um Sicherheit im begrenzten Rahmen zu bekommen.

Empfohlene Vorbereitungsarbeiten

Verschiedene Übungen (siehe Kapitel «Eingewöhnungshilfen») helfen unserer Katze, das Abenteuer „Freigang" bestens vorbereitet antreten zu können. Sie sollte sich mittlerweile ans Schwenktörchen gewöhnt haben (Übung Katzentor). Ausserdem hilft es ihr, wenn sie bereits mit den Geräuschen von draussen vertraut ist (mit Netz gesicherter Balkon bzw. Fliegengitter). Und das bisher regelmässig absolvierte Training mit dem Schütteln der Büchse oder einem Lockruf, ist nun geradezu Gold wert.

Sehr nützlich kann am Anfang auch ein provisorischer Zaun sein, den man im Garten aufstellt. Er muss nicht hoch sein, gibt aber einer scheuen Katze Sicherheit in einem begrenzten und somit geschütz-

ten Rahmen. Anfänglich wird sie nicht darüber springen (siehe Erfahrungsbericht).

Jetzt kann es losgehen

Das Wichtigste in Kürze:
Man lässt die Katze nur tagsüber und kurz vor den Mahlzeiten hinaus. Sobald sie draussen ist, stellt man ihr Fressen drinnen neben dem Katzentor auf, das man vorzugsweise hinauf bindet, solange die Katze draussen ist. Insbesondere Neulinge werden niemals nachts rausgelassen (siehe auch «Nachts – von Vorteil im Haus»).

- Regentage eignen sich besonders gut für einen kurzen Freigang, weil die meisten Katzen wasserscheu sind.
- Wichtig ist, dass die Katze dort hinausgeht, wo sie auch wieder herein kann: durch das aufgebundene Katzentor.
- Für die ersten Ausflüge planen wir genügend Zeit ein, denn wir lassen unsere Katze nicht aus den Augen, natürlich ohne sie dabei zu bedrängen.
- Der Freigang soll ganz kurz sein. Kehrt die Katze nicht nach wenigen Minuten zurück, kann uns das Training mit dem Schütteln der Büchse helfen. Oder wir umkreisen sie in genügendem Abstand, um sie zum Haus zurückzuführen.
- Bei jeder Rückkehr belohnen wird die Katze mit Futter und viel Lob. Wir zeigen ihr, dass es uns grosse Freude macht, dass sie zurückkommt, auch wenn sie das Haus noch nicht ganz erreicht hat.
- Nach jedem Freigang benötigt die Katze Ruhe, um das Erlebte zu verarbeiten. Wir sorgen dafür, dass sie diese auch erhält, egal wie tatenfroh und lebhaft sie nun wirken mag.
- Den kurzen Freigang wiederholen wir, bis sich ein festes Ritual eingestellt hat. Erst dann kann es einen Schritt weitergehen.

Sicherheit durch Übung

Die kurzen Ausflüge sollen dafür sorgen, dass die Katze bald Sicherheit auf ihrem Fluchtweg ins vertraute Heim bekommt. Das gelingt nur mit aktiver Unterstützung, für die wir uns genügend Zeit nehmen sollten. Ohne Übung kein Erfolg – zu gross sind die Gefahren, die überall lauern.

Mit der Zeit darf unser Schützling selbstständig durchs Katzentor hinaus, immer unter unserer ständigen Beobachtung und begleitet von positiven Gedanken. Um ihm die Rückkehr am Anfang zu erleichtern, binden wir auch weiterhin das Katzentor hoch, wenn er draussen ist.

Sobald die Rückkehr durchs Katzentor problemlos funktioniert, bindet man das Törchen nicht mehr hoch, legt aber von aussen gegen innen ein Stecklein in die

Katzentorübung mit Stecklein – Belohnung dahinter.

Öffnung, damit ein Spalt offenbleibt und die Katze ihr Futter riechen kann. Hinaus findet sie in der Regel ganz automatisch.

Wichtig ist, dass der Rückzug jederzeit gewährleistet ist, ohne dass Hindernisse überwunden werden müssen. So wird sie nach kurzer Zeit selbstständig ein und aus gehen und weitere unglaubliche Fortschritte machen.

Nachts – von Vorteil im Haus

Sicher würden wir alle gerne unserer Katze viel Freiheit gönnen und ihr das Ein- und Ausgehen frei überlassen. Leider finden unsere Schützlinge aber in der heutigen Zeit wegen der vielerorts hohen Bevölkerungsdichte nicht mehr den Freiraum, den ihre Vorfahren noch kannten. Und die wenigsten von uns können ihren Samtpfötchen eine Bauernhofidylle bieten. Um die Katzen nicht unnötigen Gefahren auszusetzen, ist es deshalb von Vorteil, sie nachts im Haus zu behalten. 90 Prozent aller Unfälle mit Tieren ereignen sich in der Nacht. Wenn es ruhig ist, wagen sich Katzen weiter weg von ihrem Zuhause und auch eher zu Strassen, die tagsüber gemieden werden, weil sie stark befahren sind. Leider ist aber auch das Tempo der wenigen Autofahrer, die noch unterwegs sind, nicht selten um einiges höher als am Tag und die Sicht durch die Dunkelheit beeinträchtigt.

Gleichzeitig sind in der Nacht wilde Tiere und unkastrierte Streuner auf Futtersuche, was eine weitere Gefahr darstellt. Die Katzenpopulation ist in den letzten Jahren so enorm gewachsen, dass es oft zu Überschneidungen von Revieren kommt, was ebenfalls zu Verfolgungsjagden führen kann, die oft erst durch einen Zwischenfall mit einem Auto enden. Werden Katzen nachts angefahren und verletzt, stellen sie willkommene Beute für einen Fuchs dar. So verschwinden jährlich Hunderte von Katzen spurlos! Deshalb sollte man Katzen grundsätzlich tagsüber ins Freie lassen und nachts das Katzentor schliessen.

Ideal für Berufstätige

Insbesondere für Berufstätige bedeutet das, dass das Katzentor während ihrer Abwesenheit geöffnet bleibt, damit die Katze hinaus kann, wenn sie mag. Sobald man nach Hause kommt, wird sie hereingerufen, um sich jetzt mit ihr zu beschäftigen. So haben Mensch und Tier trotz der Berufstätigkeit die Gelegenheit, eine intensive Beziehung zueinander aufzubauen und zu geniessen. Katzen sind anpassungsfähig und haben auf diese Weise alles, was sie für ein glückliches Leben brauchen – tagsüber ihre Freiheit und abends ihren Tierfreund zum Spielen und Kuscheln.

Wie bringe ich eine Katze abends dazu hereinzukommen, wo sie doch nachtaktiv ist?

Katzen, die tagsüber mehrheitlich schlafen, sind automatisch nachtaktiv. Tiere, die nur tagsüber Auslauf haben und anderweitig ebenfalls ausreichend beschäftigt und gefordert werden mit Spielen oder Übungen, verhalten sich auch nachts ruhiger.

Das Geheimnis sind Rituale – Katzen sind, wie bereits erwähnt, Gewohnheitstiere. Um sich diese Eigenart zu Nutze zu machen, sollten die Fütterung und andere Handlungen (wie z.B. Spielen, Streicheln, Kämmen) nach einem bestimmten Plan ablaufen. Am besten legen wir die Hauptmahlzeit auf den späten Nachmittag oder Abend. So kommt unsere Katze regelmässig um die gewünschte Zeit heim. Vorsichtshalber schliessen wir das Katzentor schon einmal in Richtung draussen. Sobald sie drinnen ist, bleibt ihr Ausgang bis zum nächsten Tag geschlossen. Anfangs decken wir es von Vorteil mit einer Kiste oder einem Brett ab, denn natürlich möchten die meisten Katzen irgendwann am Abend wieder hinaus. Nach einer gewissen Zeit wird die Katze auch dieses Ritual kennen und wissen, dass sie die Nacht drinnen verbringen soll. Ohnehin ist sie ziemlich müde, wenn sie einen grossen Teil des Tages draussen verbracht hat. Sie freut sich, wenn man sich jetzt mit ihr abgibt, vielleicht noch etwas mit ihr spielt, aber sie vor allem einfach wahrnimmt, streichelt und mit ihr kuschelt, wenn sie mag.

Katze kommt nicht mehr heim

Sollte man sie in den ersten Tagen trotz allem aus den Augen verloren haben und sie zeigt sich längere Zeit nicht wieder, darf man sich nicht dem Irrglauben hingeben, dass sie jetzt erst einmal ihre Freiheit geniesse oder gar, dass sie nun nichts mehr von uns wissen wolle. Dem ist ganz bestimmt nicht so – sie braucht jetzt dringend Hilfe. Solche Tiere sind in der Regel von irgendetwas erschreckt worden und trauen sich ganz einfach nicht mehr auf den Weg nach Hause. Es gilt nun, umgehend zu reagieren. Das ist das Allerwichtigste – lieber ein Fehlalarm zu viel als einer zu wenig (siehe Kapitel «Wenn die Katze spurlos verschwindet – richtiges Vorgehen»).

Welch eine Freude, wenn alles klappt

Sie können stolz sein auf sich, Ihr Schützling hat Ihnen das ganze Vertrauen geschenkt. Er hat nun das, was jedem Tier zusteht – seine Freiheit und einen lieben Tierfreund, der ihn nicht bedrängt, sondern ihm Verständnis entgegenbringt und Vertrauen schenkt. Das sind die idealen Voraussetzungen, damit auch ein scheues Büsi seinen Platz in unserer Gesellschaft findet und die vielen guten Charaktereigenschaften, die in jeder Katze stecken, voll entfalten kann. Freuen Sie sich auf eine gemeinsame und spannende Zukunft.

Zaunbau, Garten/Auslauf eingrenzen

«Warum meine Büsis einen Zaun brauchten»

Zwei meiner vier Katzen sind 1 ½ Jahre alt, waren aber noch nie draussen. Sie kamen zu mir, weil sie extrem scheu waren (d.h. nicht sozialisiert mit dem Menschen). Es brauchte sehr lange. Und an Auslauf nach draussen war natürlich lange nicht zu denken, da sie erst einmal die Sicherheit innerhalb der Wohnung finden mussten.

Nach einigen Monaten im neuen Zuhause nun aber konnten wir es in Angriff nehmen, die Welt „da draussen" kennenzulernen. Hier ist es wunderbar ruhig, die Natur fängt gleich bei der Terrassentür an, ein Paradies für Katzen, wie wir Menschen sagen würden.

Doch da gibt es fremde Katzen, Hunde, Kinder, Strassen und Autos etc.
All dies sind Faktoren, welche die Eingewöhnung einer Katze erheblich verzögern und ihr das Leben vehement erschweren können. Denn eine Katze, die erschrickt und in Panik gerät, verliert schnell einmal die Orientierung und findet sich nicht mehr zurecht, findet z.B. den Heimweg nicht mehr oder läuft über eine Strasse, die sie sonst meiden würde.

Eines Tages dann nahm das Unglück seinen Lauf ...
Ein unbekanntes Geräusch gab meiner Leana den Rest. Sie verfiel endgültig in Panik und raste vollends irritiert dem Haus entlang davon. Ich ging sie sofort suchen, rief nach ihr, lockte mit der Leckerlibüchse. Doch Leana war verschwunden.
Ich suchte den ganzen Tag. Als es dunkel wurde, suchte ich weiter, rief und rief, rasselte und rasselte, aber weit und breit keine Spur von Leana. Inzwischen war ich völlig aufgelöst, in grösster Sorge und bangte entsetzlich um mein Tier. Und wenn ich schon in hellster Aufregung und Sorge war, in was für einem Zustand musste sich dann erst mein Büsi befinden, das ganz alleine irgendwo da draussen war und komplett die Orientierung verloren hatte!!!

Nachts um zwei Uhr dann machte ich völlig erschöpft einen letzten Versuch. Fast schon wollte ich endgültig und verzweifelt aufgeben, da hörte ich plötzlich ein ganz hohes, verängstigtes Fiepen, ganz leise und zaghaft. Es war ein einziger Hilfeschrei.

Ganz vorsichtig und langsam ging ich zum Nachbar-Sitzplatz hinüber, redete leise auf Leana ein und rasselte sachte mit der Büchse. Ein zutrauliches Tier wäre jetzt wohl auf mich zugekommen, aber ein scheues rennt dann eben wieder weg, auch wenn man es Zuhause sonst gut streicheln und herzen kann. Ich kniete auf den Boden nieder und legte einige Trockenfutterbrocken vor den Blumentopf, hinter dem sie zuletzt verschwunden war.

Mir war klar, dass ich sie gleich wieder verlieren würde, wenn ich jetzt sofort nach ihr greifen würde. So legte ich weiter Futterbröckchen hin, immer etwas näher zu mir und redete ganz ruhig und leise mit ihr. Langsam, langsam, es kam mir vor wie eine Ewigkeit, kam sie näher und ich konnte sie kurz streicheln, dann war sie gleich wieder weg.

Einfacher Zaun mit grosser Wirkung für die ersten Schritte im Freien.

(Foto Schwengeler)

(Foto Schwengeler)

Auf einmal kam ein weisser Schatten daher, es war Fotoula, die Grosse, die kam, um uns beiden zu helfen. Leana maunzte sofort erleichtert auf, als sie sie sah und fühlte sich offensichtlich sogleich etwas sicherer. Sie orientierte sich nun auch an Fotoula und wollte sie nachahmen.

Irgendwann dann fühlte sich Leana wohl sicherer. Sie legte sich auf den Boden, wälzte sich leicht und fing an zu schnurren. Nun konnte ich sie ganz streicheln, erst mit einer Hand, dann mit beiden. Aber ganz langsam und ruhig, jede schnelle Bewegung liess sie grad zurückzucken. Und dann, endlich, endlich(!), konnte ich beide Hände so um sie legen, dass ich sie hochheben konnte. Mit der rechten Hand packte ich sie am Schopf, ganz fest, und trug sie so nach Hause.
Nach diesem Schreckens-Ereignis kam in mir immer lauter der Gedanke, dass ich etwas machen musste. So etwas konnte jederzeit wieder passieren! Meine Tiere waren ja gar nicht geschützt. Endlich begriff ich das!

Item, mit dieser neuen, wichtigen Erkenntnis machte ich mich intensiv an die Planung eines Zaunes. Es musste eine Lösung sein, die sowohl für die Büsis gut war, als auch für meinen Geldbeutel. Und da ich nur zur Miete bin, konnte ich auch nicht einen fixen Zaun aufstellen. Das war auch nicht so wichtig. Es genügte schon, wenn ein Zaun stehen würde, der einen allfälligen Paniklauf eines Büsis bremsen und Hunde und Kinder von „unserem Reich" fernhalten würde. Auch war es nicht notwendig, einen Zaun aufzustellen, der für Katzen völlig unüberwindbar war. Es ging mehr darum, dass alle die Welt dort draussen in einem geschützten Rahmen kennenlernen konnten, dass sie sich an Geräusche und Er-

(Foto Senn)

Schafzaun: Kostengünstig und einfach.

eignisse draussen gewöhnen konnten, im geschützten Bereich. Später würden sie sicherlich irgendwann über den Zaun klettern. Doch bis dann würden sie (hoffentlich) ruhiger und sicher genug sein, um sich selber zu behaupten.

Anfangs erschreckten die Neulinge bei jedem Geräusch und rannten sofort ins schützende Haus zurück. Mit der Zeit aber merkten sie, dass ihnen gar nicht viel passieren konnte. Denn da war der Zaun und der gab ihnen Schutz!

Der Zaun ist für uns alle eine unheimlich grosse Erleichterung. Er macht uns alle sicherer und gelassener. So locker und entspannt würden sich meine Katzen ohne den Zaun wohl kaum im Garten tummeln. Und immer wieder frage ich mich, warum nur habe ich den nicht schon viel früher aufgestellt ...?!

Barbara Schwengeler, Lindau

Vermeidbare Gefahren – schützen Sie Ihre Katze!

So eigenständig eine Katze auch ist, vor gewissen Gefahren können wir sie ganz einfach bewahren.

Scheue Katzen werden oft unterschätzt und sind besonders gefährdet. An einem neuen Ort können sie unheimliche Kräfte und Energien entwickeln, wenn sie verängstigt sind und in der Folge nur noch ausbrechen möchten.

Jedem Katzenhalter ist bekannt, dass Kippfenster zu Todesfallen werden können. Dennoch sterben viele Tiere auf diese grausame Art. Solche und viele andere Unfälle können vermieden werden, wenn wir einige wichtige Punkte beachten.

Katzen können ungeahnte Kräfte freisetzen, wenn sie verunsichert sind und nur noch flüchten möchten.

Unglaubliche, aber mögliche Fluchtwege

- Dachluke
  Ohne Probleme wird eine Katze nackte Wände hinaufklettern können, wenn irgendwo – und sei es noch so weit oben – eine offene Dachluke zu sehen ist. Und von dort ist sie im Nu über das Dach verschwunden.

Hier besteht keine Fluchtgefahr und Teddy kann bereits vom bevorstehenden Ausgang träumen (Foto Breitenstein).

- Fenster, Balkon
  Leider kommt es auch immer wieder vor, dass eine scheue Katze vom zweiten Stock übers offene Fenster oder den Balkon die Flucht ergreift. Springt sie in den ersten Tagen nach der Platzierung aus dieser Höhe hinunter, wird sie den Heimweg nicht mehr alleine finden.

- Nylongitter
  Nylonfliegengitter können aufgekratzt und zerbissen werden. Diese Fluchtgefahr besteht vor allem am Anfang, wenn der Neuling noch irritiert ist. Locker gespannte Netze können ausserdem zu Todesfallen werden (strangulieren).

- Lamellenstoren
  Durch die Schlitze von Lamellenstoren kann die Katze bei offenem Fenster problemlos ausreissen, indem sie die geschlossenen Lamellen aufdrückt.

- Katzentor
  Das Katzentor sollte man am Anfang abdecken, damit die Katze nicht zu früh versucht, auf eigene Faust ins Freie zu gelangen. Wenn sie durch das Katzentor die Freiheit sehen, schaffen Katzen es immer wieder, geschlossene Tore aufzubrechen.

Nachts besser im Haus

Nachts lauern viel mehr Gefahren auf unsere Katzen. Wir empfehlen, sie nach Möglichkeit nachts im Hause zu behalten (siehe Kapitel «Eingewöhnungshilfe, Nachts – von Vorteil im Haus»).

Ferien- und andere Abwesenheiten

Viele Unfälle passieren, wenn der Tierfreund in den Ferien ist. Gelangweilt entfernt sich die einsame Katze meist weiter vom Haus als üblich und bleibt länger weg. Eine gewissenhafte Ferienablösung, die sich sehr viel Zeit für die Tiere nimmt, ist daher enorm wichtig. Für sehr menschenbezogene Katzen sucht man besser einen guten Ferienplatz. Oder man bucht sich einen Haus- und Tiersitter, der während dieser Zeit im Haus/Wohnung wohnt, die Tiere somit rundum betreut und zugleich zum Haus schaut.

Feuerwerk-Knallerei

Um nicht zu riskieren, dass die Katze in Panik gerät, wird sie an Anlässen, die traditionell mit Feuerwerken einhergehen, z. B. am 1. August und in der Silvesternacht, am besten im Haus gehalten.

Weitere vorbeugende Massnahmen, die helfen Gefahren zu verhindern, finden Sie in den folgenden Kapiteln:

- Passende Katzenwahl:
  (siehe Kapitel «Das geeignete neue Zuhause für eine scheue Katze»).

- Vertrauensaufbau:
  Je fester das Beziehungsband, desto eher flüchtet die Katze bei Gefahr nach Hause (siehe Kapitel «Vertrauen aufbauen» und «Eingewöhnungshilfe»).

- Vorbereitungen aufs Katzentor und den ersten Ausgang (siehe Kapitel «Eingewöhnungshilfe»).

- Katzentor:
  Zufluchtsort muss immer offen sein (siehe Kapitel «Weshalb ein Katzentor»).

- Begleiteter erster Ausgang ins Freie:
  (Siehe Kapitel «Der erste Ausgang ins Freie»).

«Ich denke wir wissen beide nur zu gut, dass so ein verängstigtes Tierchen einfach viel Zeit braucht. Sie hält mich auch ganz schön auf Trab, aber ich gebe mein Bestes.

Sie hat sich während ca. 24 Stunden in einem kleinen Schacht zwischen einem älteren Kachelofen und dem angrenzenden Schlafzimmer versteckt gehabt. Dass da überhaupt ein offener Zugang vom Ofen zum Schacht existiert, davon wusste ich nichts, denn er ist nicht sichtbar von aussen. Ich wage zu bezweifeln, dass sie da jemals ohne fremde Hilfe wieder rausgekommen wäre, da sie sich hätte rückwärts zwischen dem Ofeninnern und der Wand (nur ca. 15 cm Abstand) fallen lassen müssen und das aus einer Höhe von immerhin etwa 140 Zentimetern. Wie sie überhaupt da raufgekommen ist?

Nun jedenfalls habe ich dann schnell gehandelt und im Schlafzimmer den in der Wand befestigten Metallrahmen mit Lamellen entfernt. .... Und siehe da: das wohl süsseste Augenpärchen der Welt schaut mich an und mir fällt im selben Moment ein Stein vom Herzen!!!!

Ich werde ihr alle Zeit der Welt schenken (mein Herz besitzt sie sowieso schon). Das Wichtigste ist mir, dass sie glücklich ist und dass sie sich wohl fühlt. Das arme Schätzchen hatte keinen besonders guten Start in sein noch so junges Leben. :-(
Nun aber soll sich sein Schicksal zum Guten wenden.»

Lukas Koller, Schmerikon

Danke für Ihre Nachfrage. Romy geht es hervorragend. Sie wird wohl immer zu Fremden eine schüchterne Katze bleiben, aber in Coco, unserem schwarzen Kater, hat sie ja einen treuen und fürsorglichen Freund gefunden. Die beiden sind unzertrennlich. Romy kommt jeden Abend zu mir ins Bett, um ganz intensiv mit mir zu schmusen. Anscheinend bin ich am wenigsten gefährlich, wenn ich im Bett unter der Decke liege. Ansonsten ist sie - wie gesagt - eine sehr vorsichtige Katze.

Der Anfang ist ja alles andere als gelungen. Sie haben mich gewarnt, dass diese sanften Augen einer Wildkatze gehören. Geglaubt habe ich es nicht und musste es selber erfahren. Ich halte es heute noch nicht für möglich, dass sie dort hinaufgekommen ist. Das Dachfenster ist auf drei Metern Höhe und es besteht keine Aufstiegsmöglichkeit. Und doch ist sie ab - in der ersten Nacht übers Dach! Zwei unendlich lange Tage und Nächte haben wir abwechslungsweise hinter der Türe Wache gestanden, bis der Hunger sie endlich ins Haus getrieben hat und wir schnell schliessen konnten.

Wir haben sie lange Zeit im Haus behalten. Doch wirklich Fortschritte gemacht hat sie erst, als wir ihr wieder die Freiheit gönnten. Nun zwei Jahre später ist sie eine Schmusekatze und nichts erinnert mehr an eine Wildkatze. Die schwierige Zeit ist vergessen, sie ist unser aller Liebling. Danke für Ihre Unterstützung.

Becker Jacqueline, Suhr

Wenn die Katze spurlos verschwindet – richtiges Vorgehen

Jährlich gehen bei der schweizerischen Tiermeldezentrale über 24'000 Meldungen von vermissten und gefundenen Tieren ein. Das müsste nicht sein. Dazu einige Gedanken, wie diese Zahl drastisch reduziert werden könnte. Je früher man mit der Suche beginnt, desto grösser ist die Erfolgschance Ihre Katze wieder zu finden! Kommt sie eines Tages nicht mehr nach Hause, sollte man umgehend aktiv werden. Entscheidend ist immer der Zeitfaktor.

Sinnvoll aktiv werden

Folgendes ist unverzüglich zu unternehmen:

- Sicherstellen, dass sie dort, wo sie hinausgegangen ist, möglichst einfach wieder hereinkommen kann. Allerdings unbedingt ebenerdig; die Rückkehr über einen Zugang in der Höhe ist nicht geeignet.
- Das Katzentor (weiterhin) hochbinden, und die Lamellenstoren bei geöffnetem Fenster nicht ganz hinunterlassen, so dass die Katze hereinkönnte.

Flugblätter sind eine wertvolle Unterstützung bei der Suche.

Wiederholung der Flyeraktion.

- Unbedingt an der gewohnten Stelle weiter füttern, auch vor dem Haus und vor dem Katzentor. Das Büsi mit dem Essen in der Gegend zu halten, ist das Allerwichtigste! Es werden natürlich auch alle Nachbarskatzen und fremde Katzen mitessen, darum genügend Futter bereitstellen.
- Flugblätter aufhängen. Handelt es sich um eine scheue Katze, unbedingt mit dem Vermerk: „Falls sie entdeckt wird, bitte nur Futter hinstellen und anrufen. Nicht versuchen einzufangen!"
- In der Schweiz ist eine Meldung bei der schweizerischen Tiermeldestelle obligatorisch: www.stmz.ch.
- Nachbarn benachrichtigen.
- Suchen, ganz leise und oft rufen, mit der Futterbüchse rasseln, vor allem auch nachts und in einer grösseren Umgebung.
- Wird das entlaufene Tier ein bis zwei Tage nicht gesehen, unbedingt beim örtlichen Tierschutzverein eine Katzenfalle holen und sie jede Nacht an einer anderen Stelle aufstellen. Scheue Büsis werden sich nur nachts hervorwagen, wenn sie auf Futtersuche sind. Vielleicht müssen Sie Nachbarskatzen aus der Falle befreien. Das ist nicht weiter schlimm und schadet keinem Tier. Stellen Sie die Falle solange auf, bis Ihre Katze zurück ist.

Möglicherweise befindet sich das irritierte, oft auch verletzte Tier (Biss, Abszess etc.) in unmittelbarer Nähe und versucht nachts heimzukommen. Deshalb darf das Füttern ums Haus nicht abgebrochen werden. Offene Fenster können der Katze helfen, ihr Zuhause zu riechen. Auch positive Gedanken und eine optimistische Einstellung sind hilfreich. Man führt sie so gedanklich heim und zeigt ihr auf einer mentalen Ebene den Weg nach Hause (siehe Kapitel «Tierkommunikation»).

Was man wissen sollte

Nehmen Sie das Weggehen Ihrer Katze nicht persönlich. Und versuchen Sie, sich von Erklärungen zu lösen, die zwar weit verbreitet, aber falsch sind, wie „Die Katze will nicht mehr zurückkommen; es gefällt ihr bei uns nicht", „sie hat die Freiheit gewählt", „sie ist zurückgelaufen, wo sie hergekommen ist" oder „sie hat sich zum Sterben zurückgezogen". Das alles sind nichts anderes als vorgefasste Meinungen.

Das Verschwinden einer Katze lässt nur eine Interpretation zu: sie braucht dringend Hilfe!

Es gibt viele ganz einfache Gründe, weshalb eine Katze – auch nach vielen Jahren noch – verschwinden kann. Zum Beispiel kann es geschehen, dass sie sich eines Tages ein bisschen weiter weggewagt hat und in einem fremden Revier vertrieben wurde. Auf der Flucht können die Tiere sich ganz schnell verlaufen. Meistens trauen sie sich dann nicht mehr zurück, oder sie finden ganz einfach den Heimweg nicht mehr, weil die Umgebung ihnen fremd und unheimlich ist.

Statistiken von Fundzentralen über tausende wiedergefundene Katzen lassen aufhorchen und zeugen davon, dass man die landläufige Meinung, Katzen fänden immer wieder nach Hause, hinterfragen sollte.

Nach Verfolgungsjagden können auch Katzen die Orientierung verlieren (Foto: Eisler).

Es gibt Erlebnisse, die eine Katze völlig irritieren und sie in einen Schockzustand versetzen. Sie verhält sich dann wieder, wie es ihrer Natur entspricht – scheu, ängstlich, und in ihrer Panik und ihrem Stress für uns nicht mehr berechenbar. Oft erkennt sie in diesem Zustand nicht einmal mehr „ihre“ Menschen.

Das gilt gleichermassen für junge und alte sowie für scheue und zutrauliche Katzen. Es gibt tausend Gründe, weshalb ein Büsi plötzlich nicht mehr nach Hause findet, auch wenn gerade Halter von Schmusekatzen sich mit dieser Vorstellung oft schwertun. Nicht zu vergessen, dass mit zunehmendem Alter das Gehör einer Katze in der Regel eingeschränkt wird und sie dadurch automatisch vermehrt Gefahren ausgesetzt ist. Schlaganfälle sind keine Seltenheit und können den Orientierungssinn ebenfalls beeinträchtigen.

Deshalb ist es wichtig, auch dieses Verhalten als das zu erkennen, was es ist. Alles, was unser Schützling benötigt, ist unsere Unterstützung dabei, sich wieder zu orientieren und den Boden unter den Füssen zurückzubekommen. Es ist nichts Persönliches und hat nichts mit streunen zu tun. Die Katze ist vollkommen hilflos

Ob scheu oder zutraulich – irritierte Tiere haben eines gemeinsam: sie sind blockiert und nicht mehr fähig, selbstständig heimzukommen und brauchen dringend unsere Hilfe.

und kann in diesem Zustand nicht normal agieren. Sie ist vor lauter Angst einfach nur verwirrt, mental und körperlich vollständig gelähmt. Deshalb ist es schwierig, wieder Kontakt zu ihr aufzunehmen. Sie befindet sich in diesem Moment emotional auf einer anderen Ebene – sie kann weder empfangen noch senden. Was auch die Arbeit von Tierkommunikatoren oft völlig unmöglich macht.

Katze geortet

Hat man einen Hinweis bekommen oder die Katze selbst entdeckt, sollten Sie behutsam vorgehen. Versuchen Sie niemals ein verwirrtes, scheues Büsi einzufangen. Es besteht die Gefahr, dass es sich nach einer misslungenen Einfangaktion noch weiter entfernt.

Stellen Sie vorerst einmal Futter am Fundort bereit und versuchen Sie dann ganz langsam das Vertrauensband wieder aufzubauen. Vielleicht lässt sich das entlaufene Tier bald wieder streicheln und dann auch in einen Korb setzen. Oder Sie gehen wie im Kapital «Keine Angst vor dem Transportkorb» vor.

Wird das Büsi nicht zu weit weg von zu Hause gesichtet, kann man auch mit einigen Helfern versuchen, es von aussen in Richtung Haus einzukreisen und heimzuleiten. Dieses Vorgehen erfordert aber eine ganz ruhige Ausstrahlung aller Beteiligten und darf nicht an eine Treibjagd erinnern.

Nach der Rückkehr der Katze sollten Sie ihr zuerst dringend einige Tage Ruhe gönnen, damit sie das Erlebte verarbeiten kann. Danach hilft ihr ein baldiger unterstützter Ausgang dabei, den Arrest nicht als Strafe zu empfinden, und zu erkennen, dass Sie das Vertrauen in sie nicht verloren haben.

Nicht zu früh aufgeben

In den vielen Jahren, in denen wir Katzen platzieren, machen wir immer wieder die Erfahrung, dass Tierfreunde ihre Suche nach dem vermissten Tier viel zu früh aufgeben.

Unzählige Katzenfreunde wollten in unserem Tierheim nach einigen Wochen eine neue Katze holen. Auf unser Anraten hin, noch einmal alle oben beschriebenen Punkte durchzugehen, konnten eine unglaubliche Anzahl vermisster Büsis erfreulicherweise wieder gefunden werden.

Nora – eine Erfolgsgeschichte

Als wir Nora abholten, hat sie uns zünftig aus dem Körbchen angefaucht und uns sogleich mitgeteilt, dass sie Menschen nicht besonders mag (heute wissen wir, dass sie schlicht und einfach nur eine riesengrosse Angst vor Menschen hatte). Nora versteckte sich immer vor uns. Kamen wir näher als einen Meter an sie heran, dann legte sie die Ohren flach und fauchte, was das Zeug hielt. Alles Zureden nützte nichts. Wir verzweifelten schier. Sie kam nur in der Nacht oder bei unserer Abwesenheit aus den Verstecken.

Als wir dann einmal die Tür einen kurzen Moment offen hatten, hat Nora die Gunst der Stunde genutzt und ist „abgehauen". Wir haben Futter rausgestellt, gerufen, gesucht ... Nora blieb verschwunden. Frau Morgenegg hat uns gebeten, Flyers aufzuhängen, um Nora zu suchen. Wir waren skeptisch. War Nora doch so etwas von unglaublich menschenscheu. Wir konnten uns einfach nicht vorstellen, dass sie sich in die Nähe von Menschen begibt. Frau Morgenegg hat dann die Flyeraktion selbst in die Hände genommen. Nora war zu diesem Zeitpunkt schon vier Wochen verschwunden.

Es vergingen keine zwei Tage, da hat sich eine nette Frau gemeldet, die Nora hinter ihrem Haus im Wald gesehen haben wollte. Wir waren nicht sehr zuversichtlich, dass es sich um unsere Nora handelt, haben uns dann doch auf zu der besagten Stelle gemacht. Es ging nicht lange und wir erblickten Nora. Sie schien ziemlich hungrig, und in den folgenden Tagen lockten wir sie mit Futter an. Über einen Zeitraum von ca. zwei Wochen ging ich ein-, zweimal am Tag zu der Stelle, und Nora kam herangeeilt, sobald sie uns rufen hörte. Wir stellten das Futter hin, setzten uns hin und redeten mit ihr. An einem Tag geschah wie aus

NORA IM TIERHEIM

NORA IM NEUEN ZUHAUSE

Foto: Tuor

heiterem Himmel etwas ganz unglaublich Schönes. Ich setzte mich hin, stellte den Futternapf nicht weit neben mich. Nora begann auf einmal mich zu umkreisen und mich mit der Nase zu „stupfsen". Ich hielt ihr die Hand hin, und sie liess sich das erste Mal überhaupt und nach so langer Zeit streicheln. Wir schafften es, Nora zu unserem Haus zu locken.

Das ist nun ca. vier Monate her. Die Fortschritte, die sie seither macht, sind in kleinen Schritten und doch so enorm und wir sind zuversichtlich, dass Nora irgendwann die letzte Scheu ablegt. Sie geniesst es ausgiebig, gekrault zu werden, und ist einfach das gutmütigste und liebste Büsi. Heute wissen wir, dass Nora einfach nur Angst hatte und deswegen irgendwie «böse» schien. Ausserdem versteht sie sich mit unserem zweiten Büsi «Bea» ausgesprochen gut.

Wir würden Nora für nichts auf der Welt mehr hergeben und ... vielleicht war es kein Zufall, dass Nora damals «abgehauen» ist. Nora ist eine Erfolgsgeschichte für uns, und heute wissen wir, dass man mit Zuversicht, Ausdauer, Geduld und viel Liebe das Zehnfache zurückerhält!!!!

Schauen Sie mal, was für eine „Schmusekatze" aus ihr geworden ist. Unglaublich lieb, anhänglich und einfach nur ein Superbüsi ist sie geworden. War nicht einmal krank, und der jährliche Gang zum Impfen beim Tierarzt geht auch immer besser.

C.Tuor, Zürich

Ich muss Ihnen eine traurige Nachricht mitteilen. Unsere Zilly ist von ihrem Ausgang nicht mehr nach Hause zurückgekehrt. Nach 4 1/2 Monaten haben wir den Versuch gewagt, sie rauszulassen. Sie ist dann auch wieder heimgekommen. Zwei Tage später, beim nächsten Versuch, kam sie nicht mehr zurück. Wir haben die Türe nächtelang offengelassen und Suchmeldungen im Dorf aufgehängt, aber ohne Erfolg.

Sie war immer noch scheu, aber rollte sich auf den Rücken und wir konnten sie am Bauch kraulen. In der Nacht war sie immer sehr unruhig und miaute, so dass wir annahmen, sie möchte endlich raus. Wir haben uns so sehr über ihre Fortschritte gefreut, dass wir eigentlich nicht verstehen, dass sie nicht mehr kommt.
Da wir die Hoffnung nach drei Monaten aufgegeben haben, informieren wir Sie über den «Auszug" unserer Zilly.
Was denken Sie, was haben wir falsch gemacht?

Mit freundlichen Grüssen
Rosmarie Blatter, Trüllikon

Zilly ist zurück! Heute Morgen um drei Uhr sass sie in der Falle! Wie sollen wir jetzt vorgehen?

Vielen herzlichen Dank für den guten Tipp!
Liebe Grüsse Tiziana Blatter, Trüllikon

Liebe Ruth
Da wir uns länger nicht gesehen haben, möchte ich Dir auf diesem Weg nochmals für deine Hilfe danken!
Als Lucky (18Jahre) damals verschwunden ist, wussten wir sofort, dass etwas passiert sein musste. Wie du weisst, haben wir dann Plakate aufgehängt und wochenlang das ganze Dorf abgesucht - ohne Erfolg.
Nach 6 Wochen intensiver Suche hatten wir gerade aufgegeben, als Du uns geraten hast, nochmal eine neue Plakataktion zu starten. Auf deinen Rat hin haben wir dann mit einem ganz neuen Bild alle Plakate überklebt. Und tatsächlich - nur einige Tage später - haben wir einen Anruf aus der Nachbarschaft erhalten, wo unsere geliebte Lucky zugelaufen war.

Als wir da ankamen, hat sich Lucky so sehr gefreut uns zu sehen! Sie war zwar sehr abgemagert und verwirrt, aber dank deinen Tipps und dem Spezialfutter ist sie nach wenigen Wochen schon wieder topfit gewesen!
Jetzt geniesst sie ihr Leben wieder in vollen Zügen!
Darum nochmal aller herzlichsten Dank für deine Hilfe!

Jan Trachsel & Lucky, Hauptikon

Tierkommunikation

Von den einen gelobt – von den anderen verpönt. Tierkommunikation scheint für viele Menschen etwas Unfassbares, Geheimnisvolles zu sein. Hier möchte ich einen kleinen Einblick geben.

Bereichernder Austausch

Haben Sie auch schon jemanden angerufen, der Ihnen ganz erstaunt erklärte, er hätte just in diesem Moment an Sie gedacht? Oder Sie haben eine Person in Ihrem Umfeld als Seelenverwandten empfunden?

Genau solche Wahrnehmungen gibt es auch zwischen Mensch und Tier. Es handelt sich um einen Austausch, der allein auf der Gefühlsebene stattfindet. Tierkommunikation ist keine Hexerei, sondern für jedermann erlernbar, der bereit ist sich darauf einzulassen. Jeder Mensch kann sich sensibilisieren und ist fähig, sich mit Tieren auf einer rein mentalen Ebene zu verbinden. Alles, was es dazu braucht, ist Offenheit, Ruhe und Zeit, um sich in die Gefühlswelt eines anderen Lebewesens hinein zu versetzen und wahrzunehmen, was es fühlt.

Tierkommunikation ist deshalb auch sehr intim und persönlich, quasi ein kleines Geheimnis zwischen dem Tierfreund und der Tiergemeinschaft. Ich persönlich empfinde den Austausch mit meinen Tieren als etwas Einzigartiges, das nur für sie und mich bestimmt ist. Die Erlebnisse sind enorm bereichernd, weshalb ich jedem Tierfreund empfehle, sich auf das Abenteuer Tierkommunikation einzulassen.

Tierhalter, die sich jahrelang mit scheuen Katzen auseinander gesetzt haben und es schaffen, zu ihrem Innersten durchzudringen, kommunizieren automatisch auf dieser Ebene.

In unserer Praxis bekommen wir jedoch zum Teil bedenkliche Geschichten zu hören. Nimmt man diese Dienstleistung von jemand Unbekanntem in Anspruch, ist es ratsam, nicht zu viel vom Tier preiszugeben, um das es sich handelt. Auch in dieser Branche findet man bedauerlicherweise Anbieter, die sich ihrer Verantwortung nicht bewusst sind, und oft einfach das sagen, was der Hilfesuchende gerne hören möchte.

Um das Thema noch tiefer zu beleuchten, übergebe ich das Wort hier gerne **Jacqueline Kramer**, einer erfahrenen Tierkommunikatorin:

Tierkommunikation – der sechste Sinn? Was ist Tierkommunikation

Ein Tierkommunikator hat über die eigene Sensibilisierung gelernt, die Gefühle und Emotionen des Tieres aufzugreifen und zu interpretieren und in unsere menschliche Sprache zu übersetzen. Da unsere Tiere nicht in Worten kommunizieren, ist es die Aufgabe eines Tierkommunikators, das vom Tier Wahrgenommene zu interpretie-

ren, in den richtigen Zusammenhang zu stellen und entsprechend zu übersetzen.

Genauso wie zwischen Mensch und Mensch, ergibt sich auch zwischen Mensch und Tier ein Beziehungsfeld, welches das gegenseitige Miteinander spiegelt.

In einer Tierkommunikation betreten wir dieses Beziehungs- oder Spiegelfeld und stimmen uns empathisch auf das Tier und seine Bedürfnisse ein. Eine Kommunikation über die Gefühlsebene ist somit jederzeit möglich.

Was bewirkt Tierkommunikation?

Die Tierkommunikation ermöglicht dem Tierhalter, sein Tier noch besser zu verstehen und entsprechend auch die Bedürfnisebene des Tieres besser abdecken zu können.
Und manchmal hilft die Kommunikation auch dabei, dem Tierhalter bewusst zu machen, dass eine Vermenschlichung des Tieres nicht art- und bedürfnisgerecht ist und dass die Lebensqualität des Tieres dadurch eingeschränkt wird.
Tierkommunikation fördert das gegenseitige Verständnis und trägt damit auch dazu bei, dass die Beziehung zwischen Mensch und Tier noch inniger und vertrauter werden kann.

Was kann Tierkommunikation nicht bewirken?

Glücklicherweise setzt uns hier die Natur ganz klare Grenzen! Das genetische Gefäss, die trieblichen Aspekte eines Tieres, können nicht einfach mittels Kommunikation überwunden werden.

So wie der Jagdtrieb bei Hunden und Katzen genetisch festgelegt ist und das Überleben garantiert, ist auch der Fluchtinstinkt eines Pferdes gegeben. Die körperlichen Aspekte und Triebe können deshalb nicht einfach „abgeschaltet" oder weg kommuniziert werden. Die Katze wird keinen Unterschied zwischen Mäusen und Vögeln machen! Diese genetischen Anlagen garantieren das Überleben einer Art! Auch wenn die Tiere, die heute mit uns zusammenleben, oft nicht mehr auf diese trieblichen Veranlagungen angewiesen sind, sind sie doch Teil des genetischen Gefässes.

Tiere kommunizieren aus ihrem direkten Erfahrungsbereich und damit ist eine weitere Grenze gesetzt. Ein Tier kann uns nicht vermitteln, an welcher Krankheit es leidet, denn dieses Erfahrungswissen fehlt dem Tier. Das Tier kann vermitteln, wie es sich körperlich fühlt, ob es Schmerzen hat usw. Wir erhalten also Hinweise in Bezug auf das körperliche Befinden, aber niemals eine Diagnose!

Diagnosen zu stellen oder Empfehlungen bezüglich der Medikation zu geben, sind deshalb äusserst fahrlässig und zeugen von einem falschen Verständnis der Tierkommunikation!

Ein Beispiel aus dem Praxisalltag

Die Zurückgelassene
Eine Katze wurde wohl beim Umzug der früheren Besitzer einfach zurückgelassen und verblieb im gewohnten Quartier. Sie wurde über Jahre hinweg von anderen Anwohnern draussen gefüttert, verwilderte aber auch zusehends, und ein Näherkommen oder Anfassen war unmöglich. Jede Annäherung liess sie in Panik ausbrechen und flüchten.

Kurz vor dem Wintereinbruch erkannte eine der Anwohnerinnen, dass es der Katze gesundheitlich nicht mehr so gut ging. Sie wollte sie gerne zu sich nehmen und für sie sorgen. Doch alle Versuche, die Katze in die Wohnung zu locken oder einzufangen, schlugen fehl. Keine Katzenfalle, kein gutes Zureden, nichts half.

Dank der Tierkommunikation konnten wir der Katze vermitteln, welche Absicht hinter den Einfangaktionen stand. Und dass es jetzt einen Menschen geben würde, der sich gerne um sie kümmern und ihr ein Zuhause schenken möchte. Wir vermittelten ihr, dass sie ihre Freiheit behalten darf und dass sie frei entscheiden und wählen kann, wo sie sein möchte. Dass sie auch so akzeptiert und geliebt wird, wenn sie scheu und zurückhaltend bleibt und einfach so sein darf, wie sie ist.

Nach einigen Tagen der regelmässigen Kommunikation konnte sich Lissy, wie sie nun genannt wurde, überwinden und kam täglich näher. Und es ging kaum zwei Wochen, da stand sie mutig in der Wohnung und leerte ihren Futternapf. Und kaum zwei Monate später, war Lissy eine gut umsorgte, schulmedizinisch betreute und wunderbar zutrauliche ältere Katzendame. Sie genoss es, umsorgt zu sein. Jede Streicheleinheit wurde dankbar angenommen, und ihre Menschen haben das Versprechen gehalten, dass sie jederzeit auch wieder zurück in die Freiheit darf. Und so wurde Lissy zu einer innig geliebten Hauskatze mit Freigang und gewann eine Familie, die sie mit grossem Herzen liebt.

Jacqueline Kramer, Russikon
Therapiepraxis Naturgeflüster
www.naturgefluester.ch/info@naturgefluester.ch/044 942 90 05
Facebook: naturgefluester.ch

PHIL 2 JAHRE IM TIERHEIM

PHIL IM NEUEN ZUHAUSE
Foto: Duvoisin

Tierschutz geht uns alle an – auch Sie können helfen!

Zurzeit leben in der Schweiz über 1.6 Millionen Katzen, Tendenz steigend. Davon Schätzungen zufolge 100'000 bis 300'000 praktisch herrenlos und verwildert auf Bauernhöfen oder in Gärten, wo sie sich unkontrolliert vermehren.

Zudem werden in der Schweiz jährlich mehr als 10'000 Katzen in Tierheimen abgegeben, hauptsächlich, weil man ihrer überdrüssig geworden ist. Das liegt auch daran, dass es viel zu einfach ist, sich ein Tier anzuschaffen, wenn man es einfach einmal probieren kann.

Woher kommen die vielen Katzen? Der Anfang vom Ende

Katzenhalter, die sich ihrer Verantwortung nicht bewusst sind und deshalb Muttertiere nicht kastrieren lassen, sind der Hauptgrund für das unkontrollierte Wachstum unserer Katzenpopulation. Das können unter anderem Eltern sein, welche ihrem Kind das Erlebnis der Geburt von jungen Büsis ermöglichen möchten. Doch auch auf vielen Bauernhöfen werden die Mutterkatzen nicht kastriert, weil man sich vielleicht nicht verantwortlich fühlt für die oftmals zugelaufenen Tiere, die mehrmals jährlich werfen können. So werden über verschiedene Kanäle wie Zeitungen, Internet oder Anschläge gratis Kätzchen angeboten.

Hinzu kommt, dass es auch sehr einfach ist, günstige Rassekatzen zu importieren, die dann allzu oft nicht ganz den Versprechungen entsprechen. Und nicht zuletzt hören wir leider auch immer wieder von Hobbyzüchtern in der Schweiz, die viel zu viele Tiere auf engstem Raum halten und sie günstig abgeben, um mit diesem Nebenverdienst ihren Lebensunterhalt aufzubessern.

Dieser Teufelskreis muss durchbrochen werden

So lange Jungkatzen so einfach ein neues Zuhause finden, macht sich kaum jemand Gedanken darüber, welch weitreichende Konsequenzen es hat, Katzen nicht kastrieren zu lassen. Manche Kätzchen werden bei der Geburt getötet, andere werden verschenkt oder von Hand zu Hand weitergereicht. Viele werden unüberlegt übernommen – spontan weil sie so niedlich waren, aus Mitleid oder als Geschenk. Die volle Tragweite, welche die Verantwortung für ein Lebewesen mit sich bringt, wurde nicht erkannt oder falsch eingeschätzt. Meist früher als später werden die Katzen zu einer Belastung und landen bestenfalls in Tierheimen, die sich wie wir selbst bemühen, diese überzähligen Katzen an gute Plätze zu vermitteln. Aber: Je

Solange der Katzenüberschuss in der Schweiz so gross ist, haben scheue Katzen aus dem Tierheim keine Chance. Deshalb muss das Problem an der Wurzel angepackt werden, indem Katzen konsequent kastriert werden!

mehr Katzen sich unkontrolliert vermehren und direkt platziert werden, desto weniger finden Heimkatzen einen Platz und müssen teilweise lange auf ein neues Zuhause warten.

Katzenproblem an der Wurzel anpacken

Die Lösung wäre so einfach. Wäre – denn trotz enormer Bemühungen von Tierschutzvereinen, privaten Organisationen und weiterer breiter Unterstützung gelingt es nicht, den Katzennachwuchs zu kontrollieren.

Mit Gratiskastrationen wird seit Jahren versucht, das Übel an der Wurzel zu packen. Allein unsere eigene Praxis hat in den letzten Jahren hunderte solcher Eingriffe vorgenommen. Ausserdem betreiben wir laufend Aufklärung und versuchen, schriftlich wie mündlich, mit unserem Anliegen zu Katzenhaltern, Bauersleuten und potenziellen Abnehmern durchzudringen. Und doch scheint diese kräftezehrende Aufgabe zu lösen, nahezu unmöglich, solange nicht eine Kennzeichnungs- und Kastrationspflicht eingeführt wird.

Es ist absehbar, dass dieses Problem ohne eine generelle Kennzeichnungs- und Kastrationspflicht langfristig aus dem Ruder laufen muss. Was dann mit den vielen unerwünschten Tieren geschehen wird, zeigt ein Blick ins Ausland, wo immer mehr Tötungsstationen entstehen.

Wir alle können helfen – Tierschutz geht uns alle an

Es ist uns bewusst, dass eine entsprechende Gesetzgebung gegen die unkontrollierte Vermehrung von Katzen auf hoffnungslosem Posten steht, solange das Bewusstsein für die Problematik nicht in der breiten Bevölkerung verankert ist. Trotzdem kann jeder Katzenfreund dazu beitragen die Situation ein wenig zu entschärfen. Einerseits, indem er selbst nicht mithilft, den Teufelskreis in Gang zu halten. Andererseits indem er Aktionen unterstützt, mit denen aktiv Tierschutz betrieben wird.

Lesen Sie hier, wie Sie persönlich das Elend der zahllosen Streuner und der vielen Heimtiere in der Schweiz lindern können. Lassen Sie uns gemeinsam dieses Problem anpacken.

Freiwillige Arbeit in einem Tierheim

Auch wer selbst keine Möglichkeit hat, ein Tier bei sich aufzunehmen, kann Tierschutz betreiben. Nicht zuletzt kann Tierschutz schon heissen, selbst auf ein Tier zu verzichten, wenn man nicht die nötigen Voraussetzungen erfüllen kann. Und wer gerne mehr tun möchte, dem stehen verschiedene Möglichkeiten offen, sich für den Tierschutz aktiv einzusetzen.

Tierschutzorganisationen sind auf freiwillige Hilfe angewiesen. In Heimen gibt es viele Bereiche, in denen man sich nützlich machen kann, beispielsweise: Hunde ausführen, Katzen streicheln, mit Tieren spielen, sie beobachten und ihnen Mut zusprechen, Reinigungsarbeiten, Schreib-

Freiwilligenarbeit ist Gold wert.

und Computerarbeiten, Hauswartung und vieles mehr. Fragen Sie in einem Tierheim in Ihrer Nähe nach.

Freiwillige Helfer sind für eine Tierschutzorganisation sehr wertvoll und willkommen, wenn sie sich der Verantwortung bewusst sind, die sie damit übernehmen. Gesucht wird zuverlässige, regelmässige, verantwortungsvolle und selbstständige Unterstützung.

Tierliebe kann auch bedeuten, auf eigene Tiere zu verzichten, und andere zu unterstützen.

Wer eignet sich als Helfer?

Oft übernehmen Tierfreunde eine solche Beschäftigung, weil sie einsam sind oder Probleme haben und im Tierschutz eine sinnvolle Aufgabe sehen. Dagegen ist nichts einzuwenden, solange man es schafft, seine eigenen Sorgen zu Hause zu lassen. Für negative Energien darf in einem Tierheim kein Platz sein. Es wäre gegenüber den Tieren unfair, depressive Stimmungen und Probleme mitzubringen. Viele der Tiere haben schwere Schicksalsschläge hinter sich und brauchen dringend Unterstützung von einem Tierfreund, der sie aus ihrer Lethargie herausholen kann. Sie brauchen sonnige Gemüter mit fröhlichen Gedanken um sich, die sie aufheitern und wieder aufbauen können. Geborgenheit, Liebe, eine ruhige Ausstrahlung und viel positive Energie helfen ihnen, das Vergangene zu verarbeiten und sich auf eine Platzierung vorzubereiten.

Geschenkte Zeit und innige Gefühle sind gut für die Seelenheilung.

Die Arbeit mit solchen Tieren ist nicht jedermanns Sache, kann aber unglaublich befriedigend sein, wenn man sich über kleine Fortschritte freuen kann. Aber auch das Loslassen muss bereits in Gedanken abgespielt werden, damit der Abschied nicht mit zu viel Schmerz verbunden ist.

Tierheimtiere sind auf freiwillige Helfer mit sonnigen Gemüter angewiesen, um von der positiven Energie zu profitieren.

Eine Katze vom Bauernhof

Jeder Tierfreund, der eine Katze einfach so vom Bauernhof holt, muss sich darüber im Klaren sein, dass er meist nicht einmal einem einzigen Tier etwas Gutes tut. Stattdessen hilft er, einen Teufelskreis für unzählige Katzen in Gang zu halten. Viele Katzenfreunde und Bauern sind sich dieser Tatsache nicht bewusst. Ihnen möchten wir mit unserem Aufruf die Augen öffnen und damit das Katzenelend ein kleines bisschen mindern.

Unzählige Bauernhofkatzen kommen zudem in Wohnungen ohne Freigang, oft auch noch alleine, was an Tierquälerei grenzt. Für die an Freiheit gewohnten Tiere ist das ein grosser Schock und sie verhalten sich dementsprechend. Nicht selten sind die neuen Tierhalter nach kurzer Zeit frustriert und geben die Katzen weiter oder schieben sie ins Tierheim ab, weil das vermeintliche Schmusekätzchen nicht den Vorstellungen entsprochen und die Wohnung demoliert hat.

Natürlich gibt es auch verantwortungsvolle Menschen, die auf dem Bauernhof junge Büsis holen und bei denen die Tiere ein Leben lang tiergerecht leben können. Gerade aber auch diese Tierhalter sollten sich Gedanken darüber machen, weshalb so viele Katzen im Tierheim landen. Ob es nicht sinnvoller wäre, einem Heimtier einen guten Platz anzubieten und so aktiv Tierschutz zu betreiben. Eine weitere Möglichkeit wäre es, bei der Übernahme eines Bauernhofkätzchens die Kastration des Muttertieres zu verlangen oder nach Absprache selber in die Hand zu nehmen.

Bestehen Sie bei der Übernahme einer Bauernhofkatze auf die Kastration des Muttertiers, damit der Teufelskreis unterbrochen wird.

Die wahren Kosten einer Bauernhofkatze

Menschen, die glauben günstiger zu fahren, wenn sie ein Jungtier auf dem Bauernhof holen, sollten sich ausserdem bewusst sein, dass Tierheime in der Regel nicht einmal den Selbstkostenpreis für Impfungen, Entwurmung und Kastration verlangen. Diese für jeden verantwortungsvollen Tierfreund üblichen Behandlungen sind bei einer Katze vom Bauernhof schnell einmal höher, als der Unkostenbeitrag für ein Heimtier. Im Tierheim profitiert man zudem von Ratschlägen und Hinweisen von Fachpersonen. Vielerorts werden kostenlose Beratungen und umfassende Hilfestellung weit über die Platzierung hinaus angeboten. Falls etwas Unvorhergesehenes eintritt, nehmen Tierschutzorganisationen Tiere auch wieder zurück. Denn nicht immer lässt sich alles ganz genau planen, so sehr man sich das auch wünscht. Trotzdem, viele Risiken können sehr gut im Voraus eingeschätzt werden. Es darf nicht sein, dass eine allfällige Weg- oder Rückgabe des Tieres bereits bei der Anschaffung im Hinterkopf herumgeistert.

Lebewesen sind keine Geschenke

Immer wieder kommt es vor, dass Katzenhalter unsere Tierarztpraxis bitten, ihnen bei der Vermittlung ihres Katzennachwuchses zu helfen. Doch genau mit der Platzierung dieser gratis abzugebenden Jungtiere beginnt das Elend einer Mehrheit von Heimkatzen!

Unsere Tierheime sind voll mit einst verschenkten Jungtieren. Wer eine Katze übernimmt – egal ob vom Bauernhof oder sonst woher – muss sich vorgängig darüber klar sein, dass er eine lebenslange Verantwortung für das Tier übernimmt. Katzen sind wertvolle Lebewesen. Wer sie gratis abgibt, wertet sie damit ab. Zudem verleitet es zu spontanen Übernahmen.

Keine Katzen auf Bestellung

Im Internet werden Rassekatzen aus allen Ländern zu Billigstpreisen angeboten. Mit wunderschönen herzerweichenden Fotos, die auch oft zu einem Spontankauf verleiten. Viele leichtgläubige Tierfreunde verfallen solchen Angeboten und sind dann ganz überrascht, wenn die „Lieferung“ nicht dem entspricht, was auf dem Bild zu sehen war. Zurück bleibt ein frustrierter Katzenbesitzer, der, wenn‘s gut geht, die Katze aus Mitleid trotzdem behält.

Katzen im Internet bestellen – solchem Handwerk sollte ebenfalls unbedingt ein Riegel geschoben werden.

Katzennachwuchs – vom grossen Traum zum grossen Frust

Es gibt immer wieder Eltern, welche ihren Kindern einmal das Erlebnis der Geburt eines Kätzchens ermöglichen wollen. Zweifellos ist dieses Wunder der Natur auch etwas Einmaliges, doch in vielen Fällen, in denen ein weibliches Tier nicht kastriert wird, sind die Probleme bereits vorprogrammiert. Es beginnt damit, dass unkastrierte Katzen während der Rolligkeit unruhig werden, schreien und nachts hinaus wollen. So setzen sie sich vielen Gefahren aus. Zum Beispiel verlassen Weibchen, geleitet und irritiert von ihrem Trieb, ihr angestammtes Revier, weil es immer weniger unkastrierte Kater gibt. Auf der Suche überqueren sie allenfalls viel befahrene Strassen und begegnen nicht wohlgesonnenen Artgenossen. Zudem werden die Gefahren von übertragbaren und tödlich verlaufenden Krankheiten beim Geschlechtsakt unterschätzt.

Kater Leo übernimmt die Aufgabe der Mutter.

Nach einigen Wochen kommen dann allenfalls mehr als nur die erwarteten zwei bis drei Jungen zur Welt. Viele Mütter, an denen in der Regel die grösste Arbeit mit den Tieren hängenbleibt, sind schnell überfordert. Irgendwann geht es auch darum, welches der Jungen bleiben darf und für welche man ein Zuhause suchen muss. Fällt dieser Zeitpunkt ausgerechnet auf eine Feriensaison, wird das Platzieren geradezu unmöglich. Behält man die Tiere dann selbst länger, ziehen viele vormalige Interessenten ihr Angebot zurück, weil die Büsis bereits aus dem Babyalter hinausgewachsen sind und vielleicht die Kastration ansteht. Oder man wird sich erst jetzt über die Kosten eines Tieres bewusst, die Impfungen und die Kastration, welche unseres Erachtens mit drei resp. fünf Monaten fällig wäre etc. Diese Auslagen betragen schnell einmal einige hundert Franken.

Und vielleicht haben die eigenen Kinder schon vorher – was nachvollziehbar ist – eine so tiefe Beziehung zu den Kleinen aufgebaut, dass sie keines mehr weggeben möchten.

Der Familienstreit ist vorprogrammiert.

Vorteile der Kastration

Unterstützen Sie Kastrationsaktionen! Viele Tierschutzorganisationen führen laufend Aktionen durch, um verwilderte, scheue Katzen einzufangen, damit sie kastriert werden können. Für diese Unterfangen sind die Verantwortlichen auf freiwillige Helfer angewiesen, die sich mit dem Einfangen solcher Tiere mittels einer Katzenfalle auskennen.
Einerseits kämpft man damit für eine Kontrolle der ausufernden Katzenpopulation. Andererseits kann man vernachlässigten Tieren direkt helfen, denn viele Krankheiten werden beim Geschlechtsakt übertragen. Ein geschwächtes Muttertier ist anfälliger für alle möglichen Infektionen und Erkrankungen. Würden sich mehr Tierfreunde einsetzen und den Bauern helfen, diese Katzen kastrieren zu lassen, könnte man die Übertragung solcher Krankheiten eindämmen. Ferner sind gesunde Tiere auch die besseren Mäusefänger.

Kastrationsaktion auf eigene Faust

Viele wilde Katzenpopulationen werden von Tierfreunden gefüttert, was tierschützerisch allerdings nur sinnvoll ist, wenn man sie auch kastriert. Denn nur mit der Kastration von wilden Katzen kann die unkontrollierte Vermehrung gestoppt werden.

Am Anfang einer Kastrationsaktion von herrenlosen Tieren steht die Suche nach einem Tierarzt, der bereit ist, an einem bestimmten Tag eine unbestimmte Anzahl Tiere zu kastrieren und sie zu betreuen.

Dann sollten die Tiere einen Tag vor der geplanten Aktion nicht mehr gefüttert werden, so dass sie Hunger haben und schneller der Versuchung eines Leckerbissens in der Katzenfalle nachgeben. Am besten verteilt man stark riechendes Futter, wie warmes Pouletfleisch, Thon, Schinken etc., in mehreren Fallen an verschiedenen Orten. Handelt es sich um besonders scheue Tiere, kann die Falle selbst auch mit Leberpain ausgestrichen und mit Tannästen getarnt werden.

Die aufgestellten Katzenfallen werden im Stundentakt kontrolliert. Die noch freien Katzen sollen nicht zu oft gestört werden und die gefangenen nicht zu lange in der Falle eingesperrt bleiben. Am besten hält man sich stets vor Augen, dass eine sehr scheue Katze über ein ausgeprägtes Sensorium verfügt, um in der freien Natur zu überleben. Sie würde niemals unter Beobachtung – sei es auch von noch so weit her – in eine Falle tappen.

War man erfolgreich, sollte die Falle für den Transport mit einem lichtundurchlässigen Tuch gut eingewickelt werden, um zusätzlichen Stress für die Tiere zu vermeiden. Sind genügend Gitterfallen vorhanden, lässt man ganz wilde oder scheue Katzen von Vorteil in der Falle. So kann der Tierarzt die Spritze durch das Gitter setzen.

Nach Möglichkeit werden alle Tiere in derselben Nacht eingefangen und am nächsten Tag kastriert. Bereits am Folgetag werden die kastrierten Katzen wieder am Ort ausgesetzt, wo man sie eingefangen hat, damit sich dort keine neuen Streuner ansiedeln und das Ganze wieder von vorne beginnt. Wichtig ist auch, dass sämtliche herrenlosen Katzen in der Umgebung kastriert werden. Erwischt man nämlich bei diesen Aktionen einige Tiere nicht, sind es meistens die wilden, ganz scheuen, deren Nachwuchs genauso wild und scheu wird.

Am Ort einer solchen Kastrationsaktion sollte man jemanden haben, der die Tiere in der Folge täglich weiter füttert, sich verantwortlich fühlt und Meldung macht, wenn neue Streuner auftauchen, die wiederum schnell kastriert werden sollten.

Kastrationsaktionen helfen, die Übertragung von Krankheiten einzudämmen und gegen den Populations-Überschuss vorzugehen, so dass nicht mehr so viele, vor allem scheue Katzen über Jahre und teils bis an ihr Lebensende in Tierheimen ausharren müssen.

Von der Katzenfalle in den Transportkorb

Wer eine wilde Katze eingefangen hat und sie in einen Korb umladen will, benötigt viel Geschick, denn sie ist unberechenbar. Die besten Erfahrungen haben wir selbst mit folgender Methode gemacht, die von einer geübten Person auch allein durchgeführt werden kann:

Das Umladen erfolgt in einem geschlossenen Raum. Ruhe und Konzentration sind das A und O dabei. Zuerst wird der Transportkorb mit der Öffnung in Richtung Raummitte an eine Wand gestellt. So kann er nicht wegrutschen. Dann legt man ein lichtundurchlässiges Tuch darüber. Kontrollieren Sie nochmals, ob die Öffnung oben geschlossen ist, bevor Sie die Falle ganz an den Korb mit dem vorne geöffneten Tor schieben. Nun ziehen sie das Tuch auch über einen Teil der Katzenfalle, so dass Transportkorb und Übergang der

Fachgerechtes Einladen einer scheuen Katze.

beiden Behältnisse verdunkelt sind. Vorsicht: erblickt die Katze beim Übergang Licht, wird sie versuchen dort herauszukommen.

Nun können Sie auf der einen Seite den Schieber hinaus ziehen und von der anderen Seite langsam ein grosses Kissen in die Falle hinein schieben. Immer gut darauf achten, dass sich keines der Behältnisse verschiebt! Weil die Falle selbst nicht

abgedeckt ist (nur der Übergang) und ihr durch das Kissen Gefahr droht, wird die Katze automatisch ins Dunkle flüchten und sich im Transportkorb verstecken.

Jetzt schieben Sie vorsichtig den Schieber oder ein Holzbrett zwischen Falle und Korböffnung, bevor Sie die Falle entfernen und das Korbtörchen schliessen können, ohne der Katze eine Fluchtgelegenheit zu geben. Das Tuch bleibt während der ganzen Aktion über dem Korb, um einerseits keinen Lichteinfall (Fluchtgefahr) zu riskieren und andererseits die Hände zu schützen, damit die Katze nicht durchs Gitter schlägt. Die Katze wird sich am schnellsten beruhigen, wenn der Korb noch einige Zeit vollständig zugedeckt und dunkel bleibt.

Für das erfolgreiche Umladen sind folgende Vorbereitungen nötig:

- Stabiler Transportkorb mit Öffnung oben und vorne. (Gut zu wissen: kleinere Modelle vereinfachen bei Bedarf das Spritzen für Impfungen etc. beim Tierarzt).
- Lichtundurchlässiges grosses Tuch
- Dünnes Holzbrett oder herausnehmbarer Schieber der Falle
- Kissen, etwas grösser als die Fallenöffnung, damit es satt sitzt und nicht umkippen kann.

Eine geübte Person kann mit der nötigen Ruhe und der richtigen Vorgehensweise eine Wildkatze auch allein in einen Transportkorb umladen.

Im Haus kann eine kranke oder weniger wilde Katze auch mit einem Feumer (Fangnetz) behutsam eingefangen werden. Dazu benötigt es etwas Geschicklichkeit und Reaktionsvermögen, denn schnelles Handeln ist gefragt.

Schonendes Einfangen mit Koinetz.

Ruth Morgenegg schneidet in diesem Text ein enorm wichtiges Thema an: Privatpersonen, die Katzen-Kastrationsaktionen durchführen! Dieser selten erwähnte und doch so enorm tierschutzrelevante Kreis leistet unglaublich viel gegen das Elend der verwilderten Katzen in der Schweiz. Auch wenn wir Tierschutzorganisationen während des ganzen Jahres Kastrationsaktionen durchführen, sind wir doch auf jeden einzelnen Tierfreund angewiesen, der solche Populationen entdeckt und beherzt handelt. Die Susy Utzinger Stiftung für Tierschutz (SUST) arbeitet mit solchen Tierfreunden aus der ganzen Schweiz zusammen, bietet einen kostenlosen Leitfaden für diese privaten Katzenkastrationsaktionen an, liefert kostenlos Katzenfallen, Tücher, Futter, Näpfe und vieles mehr und übernimmt (nach vorheriger Absprache) auch die Kosten für die Kastrationen bei SUST-Partner-Tierärzten im ganzen Land.

Sind Sie motiviert, solche Aktionen durchzuführen? Bitte zögern Sie nicht und bestellen Sie unsere kostenlose Broschüre hier: https://www.susyutzinger.ch/Shop,
und/oder nehmen Sie mit uns Kontakt auf über info@susyutzinger.ch,
oder besuchen Sie einen unserer Gratiskurse.

Susy Utzinger, Susy Utzinger Stiftung für Tierschutz

ELLA 7 JAHRE IM TIERHEIM

ELLA IM NEUEN ZUHAUSE

Foto: Senn

So schnell kann es gehen.

Die süss saure Geschichte

Ich brauche wieder einmal dringend deine Hilfe!
Inzwischen ist mir auch das Haus gekündet worden, weil ich zu viele Katzen habe (notabene alles Zugelaufene).

Das Tierelend hier im Tessin nimmt kein Ende. Nachdem ich dir schweren Herzens meine 18 zugelaufenen scheuen Katzen übergeben musste, weil mir angedroht wurde das Haus zu verlieren, glaubte ich nun etwas Ruhe zu haben. Nur habe ich nicht damit gerechnet, dass ich als Tierschützerin weiter von vielen Hilfesuchenden kontaktiert werde. Ich habe aber weder Platz (wohne bei Freundin) noch Geld zum Kastrieren.
Die Katze kam vor einigen Wochen in der Arztpraxis in Bioggio an. Sie sei halb verhungert und total erschöpft dort angekommen. In der Praxis kann sie nicht bleiben.

Wahrscheinlich hat sie mal jemandem gehört. Die können aber nicht sehr an ihr interessiert gewesen sein; niemand hat sie gesucht und kastriert ist sie auch nicht. Hier ist es leider unmöglich, noch andere Katzen aufzunehmen.

Es ist nicht das erste Mal, dass an diesem Ort Katzen ausgesetzt wurden. Wer will schon eine Schwangere?
Mehr als das kann ich dir leider nicht sagen.
Ich hoffe, du kannst mir helfen.

Grüsse Gaby Joss vom Tessin

Wir haben diese Katze abgeholt und dann bei uns in der Praxis in einer ruhigen Ecke einquartiert. Zwei Tage später verschwand sie unbeobachtet. Als wir sie in einem Schrank fanden, präsentierte sich uns ein Geschenk – aus einem Büsi waren vier geworden.

MAMACI 3 JAHRE IM TIERHEIM

MAMACI IM NEUEN ZUHAUSE
Foto: Senn

Liebe Leserinnen und Leser

Erlauben Sie uns einige Hinweise zu diesem Buch. Wir legen viel Wert auf authentische, aussagekräftige Situationsbilder, ohne die Tiere zu sehr zu stressen. Deshalb sind die Fotos qualitativ teilweise mangelhaft. Falls nicht anders vermerkt, stammen alle Fotos von der Autorin.

Die meisten Rückmeldungen und Erfahrungsberichte im Buch erreichten uns im Laufe der letzten Jahre als E-Mails, wie sie täglich bei uns eingehen. Sie wurden nicht extra für dieses Buch verfasst, sondern stammen von "Katzenkunden", die nun ihr Einverständnis zur Veröffentlichung gegeben haben. Viele weitere schöne Rückmeldungen und Fotos von Tierfreunden konnten wir leider nicht publizieren; das hätte den Rahmen dieses Buches gesprengt. Trotzdem auch an sie ein grosses Dankeschön.

Bitte beachten Sie beim Lesen auch, dass wir in diesem Buch ausschliesslich unsere eigenen Erfahrungen und Gedanken beschreiben. Es sind Meinungen, die nicht immer mit der gängigen Lehrmeinung übereinstimmen müssen. Unser Fachwissen haben wir uns in jahrelanger Arbeit erworben, wobei wir laufend neue Erkenntnisse gewinnen, indem wir unser Wissen ständig mit den neuesten Erfahrungen und den Erlebnissen unseres eigenen grossen Kundenkreises vergleichen.

Unsere heimatlosen Schützlinge finden Sie auf: https://nagerstation.ch. Dort finden Sie auch einen entsprechenden Platzierungsantrag.

Findus 12 Jahre im Tierheim.

In der Schweiz haben Sie bei Fragen zum Buch oder eigenen Tieren die Möglichkeit, unser Beratungstelefon in Anspruch zu nehmen:
0900 57 52 31 (CHF 2.13/Min. zu Gunsten heimatloser Tiere). In der Tierarztpraxis können solche Anrufe nicht beantwortet werden. Diese Leitung ist ausschliesslich für den Praxisbetrieb reserviert und mein Einsatz dort hilft mit, meine Tierschutzarbeit zu finanzieren.

Aus technischen Gründen ist das Beratungstelefon nur von einem CH-Festanschluss zu erreichen, welcher nicht für kostenpflichtige Nummern gesperrt ist. Eine allfällige Sperre kann bei Ihrem Netzanbieter ganz einfach (auch nur für einen Anruf) innert weniger Minuten aufgehoben werden. Alternativ versuchen Sie es in diesem Fall von einem Anschluss einer Poststelle oder eines Bekannten.

Von der Autorin ist bereits erschienen

Artgerechte Haltung – ein Grundrecht auch für Meerschweinchen

„Mit grosser Sachkenntnis und noch grösserem mutigem Engagement räumt Ruth Morgenegg in ihrem Buch mit Vorurteilen auf und informiert präzis über die Bedürfnisse des Meerschweinchens, seine Biologie und seine artgerechte Haltung".
Aus dem Vorwort von Prof. Dr. Ewald Isenbügel

ISBN 978-3-9522661-0-6
CHF 34.00 zuzüglich Versandkosten CHF 7.00

Artgerechte Haltung - ein Grundrecht auch für (Zwerg-) Kaninchen
„Ausgehend von ihrer grossen Erfahrung stellt Ruth Morgenegg engagiert, anschaulich, praxisnah und in leicht lesbarer Form die Grundbedürfnisse von Kaninchen dar: Sozialkontakt mit Artgenossen, Bewegung, Nagen, Graben, Sichverstecken, Überblick im Gehege, Abwechslung und Ruhepausen. Daraus werden die Anforderungen an eine tiergerechte Haltung im Freien und im Haus abgeleitet, wobei viele praktische Tipps die konkrete Umsetzung erleichtern."
Aus dem Vorwort von Prof. Dr. A. Steiger
Professor für Tierhaltung und Tierschutz

ISBN 978-3-9522661-1-3
CHF 34.00 zuzüglich Versandkosten CHF 7.00

Bestellungen für alle Bücher:
Nagerstation: https://www.tb-verlag.ch/index.php/order

Appropriate care – a basic right for all rabbits

Extract of the prefix by Andreas Steiger – Professor of Animal Husbandry and Animal Welfare:
„The author reminds people who are keeping or will keep rabbits that they have a responsibility. She would like to make them aware of the rabbit as a living being and its essential needs. May this book appeal to a broad readership and help many animals to their basic rights and, with that, to better living conditions."

ISBN 978-3-9522661-2-0
CHF 34.00 zuzüglich Versandkosten CHF 7.00

Die leise Stimme der Seele
Jim Willis
Mit seinen anrührenden, oft auch humorvollen Texten gibt er den Tieren, die ja nicht für sich sprechen können, eine Stimme. Und er verleiht dem Tierschutzgedanken eine spirituelle Dimension, indem er den Menschen an seine ihm vom Schöpfer zugedachte Verantwortung für das Schicksal der Tiere erinnert.
Das Buch ist eine inspirierende Reise, die bleibende Eindrücke hinterlässt, eine tiefempfundene Hommage an die Natur und die Tiere, ein Werben um Mitgefühl und Verständnis. Wer sich darauf einlässt, wird beim Lesen tief berührt, aufgerüttelt, wird lachen und weinen – und danach nie mehr ganz genau dieselbe Person sein wie zuvor …

ISBN 3-905319-33-0
CHF 19.00 zuzüglich Versandkosten CHF 7.00
Dieser Betrag geht vollumfänglich zu Gunsten heimatloser Tiere.

Register

(Foto Boss)